读故事学编程

一石匠人 著

电子工业出版社
Publishing House of Electronics Industry
北京·BEIJING

内 容 简 介

这是一本故事书，也是一本编程书。

小男孩派森无意中闯入神秘国度——Python 王国，恰好遇到了国王的鹦鹉，于是他们开始了奇幻的冒险之旅。在这个过程中，他们曾落入"大耳朵"部落、怪兽餐厅、要"名片"的迷宫，也造访过"呆头"小镇、巫师的小屋、国王的跑马场；他们打败过 7 眼 3 嘴的拦路怪兽、两个脑袋的守护者，也结识了"哲学家"、王国里"最顽固"的人、王宫的"守门人"等形形色色的角色；他们学习过古老咒语，指挥过军队演习，探究过"天马卫队"……最终在鹦鹉的帮助下，派森勇闯"死亡之路"，通过巨象山谷，穿越"时空之门"，回到了现实世界。

每次遇到困难，派森和鹦鹉都是通过学习、运用编程知识化险为夷的，这对他们来说是一个自我成长的过程。我们在与派森一起经历了 25 关考验之后，基本上就掌握了 Python 编程语言的基础知识。

将本书献给热爱生活、热爱编程的初学者：可以是青少年朋友，也可以是怀有一颗猎奇之心的成年朋友。学习编程有很多种方式，希望本书会成为你学习编程的美好起点。

未经许可，不得以任何方式复制或抄袭本书之部分或全部内容。
版权所有，侵权必究。

图书在版编目（CIP）数据

读故事学编程：Python 王国历险记 / 一石匠人著 . —北京：电子工业出版社，2019.10
ISBN 978-7-121-37052-6

Ⅰ.①读… Ⅱ.①一… Ⅲ.①软件工具－程序设计－少儿读物 Ⅳ.① TP311.561-49

中国版本图书馆 CIP 数据核字（2019）第 140116 号

责任编辑：付　睿　　　　特约编辑：田学清
印　　刷：三河市良远印务有限公司
装　　订：三河市良远印务有限公司
出版发行：电子工业出版社
　　　　　北京市海淀区万寿路 173 信箱　　邮编：100036
开　　本：720×1000　1/16　印张：15.5　字数：278 千字　彩插：1
版　　次：2019 年 10 月第 1 版
印　　次：2019 年 10 月第 1 次印刷
定　　价：69.00 元

凡所购买电子工业出版社图书有缺损问题，请向购买书店调换。若书店售缺，请与本社发行部联系，联系及邮购电话：（010）88254888，88258888。
质量投诉请发邮件至 zlts@phei.com.cn，盗版侵权举报请发邮件至 dbqq@phei.com.cn。
本书咨询联系方式：010-51260888-819，faq@phei.com.cn。

前言

前段时间，一位朋友跑来与我探讨 Python 语言的学习方法，这让我十分震惊，因为无论他所学的专业还是工作都不涉及编程，而他只是不想被时代落下。我突然意识到一个"全民学编程的时代"就要来临了。人工智能、大数据、物联网等这些词汇开始成为人们茶余饭后的谈资，小朋友们开始选择各种"少儿编程"课程。多年的教育生涯让我突然有一种冲动——我要写一本编程的书，一本有趣的书。

我一直觉得学习应该是一件有趣的事情，无论是想获得生存技能还是来源于自我提高、自我实现的需求，我们本身就有一股学习的动力，只不过有时它需要被激发一下。学习编程尤其如此，很多人想学编程，但编程这件事给人的第一感觉就是艰难晦涩、满屏代码，人们往往被自己的感觉浇灭了学习的热情。其实学习编程就是学习一种与计算机交流的语言，学习编程的过程就是与计算机交朋友的过程。只要我们勇敢一点，坚持一下，很快就会在这个过程中体会到一种简单、优雅的乐趣。为了让朋友们消除恐惧、快速入门并且深深爱上编程，我决定让大家通过看故事来学编程。

在本书中，小男孩派森无意中闯入神秘国度——Python 王国，想要寻找回到现实世界的路，这时他恰好遇到了国王的鹦鹉，于是他俩开始了奇幻的冒险旅程。在这个过程中，他们曾落入"大耳朵"部落、怪兽餐厅、要"名片"的迷宫，也造访过"呆头"小镇、巫师的小屋、国王的跑马场；他们打败过 7 眼 3 嘴的拦路怪兽、两个脑袋的守护者，也结识了"哲学家"、王国里"最顽固"的人、王宫的"守门人"等形形色色的角色；他们学习过古老咒语，指挥过军队演习，探究过"天马卫队"……最终在鹦鹉的帮助下,派森勇闯"死亡之路",通过巨象山谷,穿越"时空之门",回到了现实世界。

每次遇到困难,派森和鹦鹉都是通过学习、运用编程知识化险为夷的,每次劫难都是一个自我成长的过程。我们在与派森一起经历了 25 关考验之后,基本上就掌握了 Python 编程语言的基础知识。我希望朋友们通过这种情景化的学习,能够建立编程与现实生活的联系,利用编程知识解决生活中的问题。

编程学习一定要通过敲击代码才能达到良好的学习效果,光看书是不可能学会编程的,同时在学习的过程中要多思考、多总结、多回忆。与大家分享一个学习方法,看完每一关的内容,合上书想一想都记住了什么,这个过程非常有助于巩固所学。你也可以用思维导图对本书内容进行梳理,当你把厚厚的一本书整理成一张薄薄的 A4 纸的时候,你已经在编程的路上走得更远了。上述方法对其他领域的学习也非常有益。

将本书献给热爱生活、热爱编程的初学者:可以是青少年朋友,也可以是怀有一颗猎奇之心的成年朋友。学习编程有很多种方式,但愿本书成为一道微弱的光,照亮大朋友和小朋友们走进奇妙编程世界的路。

一石匠人

2019 年 7 月 30 日

【读者服务】

- 获取本书阅读指导视频
- 获取免费增值资源
- 获取精选书单推荐
- 加入读者交流群,与更多读者互动

微信扫码回复:37052

目　录

第 1 关　国王的鹦鹉——print() 函数　/　1

 1.1　这只鹦鹉不简单——print 语句的作用　/　2
 1.2　鹦鹉的多种表达方式——print() 函数输出的数据类型　/　4
 1.3　把"盒子"含在嘴里——print() 函数中的变量　/　5
 1.4　盒子的组合——print() 函数中的算式　/　6
 1.5　print() 函数的两个"助手"——sep 与 end　/　6

第 2 关　"大耳朵"部落——input() 函数　/　9

 2.1　"大耳朵"部落的语言秘籍——input 语句的用法　/　10
 2.2　把问题的答案装在"盒子"里——变量的应用　/　12
 2.3　"大耳朵"野人不会计算的原因——用 type() 函数检测数据类型　/　12
 2.4　学会计算——用 int() 函数与 float() 函数转换数据类型　/　13
 2.5　制造一匹"机器马"——input 语句的交互控制　/　14

第 3 关　一件"隐身衣"——注释　/　16

 3.1　"隐身衣"——注释的作用　/　17
 3.2　"隐身衣"的两种样式——注释的方式　/　17

第 4 关　Python 王国的"哲学家"——伪代码　/　19

 4.1　Python 王国里不会编程的人——伪代码是什么　/　20
 4.2　"哲学家"的用武之地——伪代码的两个作用　/　20
 4.3　"哲学家"几点可以休息——伪代码应用案例 1　/　20
 4.4　王国卫队的"机器天马"——伪代码应用案例 2　/　22

第 5 关 古老咒语——import / 24

5.1 好多工具包——模块是什么 / 24
5.2 乾坤大挪移——模块的作用 / 25
5.3 两种咒语——引入模块的两种方式 / 25
5.4 冒险游戏——random 模块案例 / 26
5.5 计时猜数——time 模块案例 / 27
5.6 乌龟的"眼镜"——turtle 模块案例 / 28

第 6 关 拯救"呆头"小镇——随机函数 / 30

6.1 改变"呆头"小镇的关键——随机数 / 31
6.2 就像抽奖——随机整数 / 31
6.3 一次只能走两步的家伙——固定步长的随机整数 / 33
6.4 孙悟空的圈——随机小数 / 34
6.5 一步到位——有限制的随机小数 / 35
6.6 不要编号的抽奖——随机抽取序列元素 / 35
6.7 改造"呆头"小镇计划 1——随机整数的应用 / 37
6.8 改造"呆头"小镇计划 2——随机小数的应用 / 37
6.9 改造"呆头"小镇计划 3——随机抽取序列元素的应用 / 38

第 7 关 游戏场的秘密——复习 / 39

7.1 幸运三角形 / 40
7.2 比大小 / 41
7.3 幸运转盘 / 41
7.4 幸运数字 / 42
7.5 发现游戏场的秘密 / 43

第 8 关 巫师们的"烟火表演"——变量 / 44

8.1 巫师最喜欢的魔法——变量介绍及定义方法 / 45
8.2 巫师"盒子"的妙用——变量的作用及意义 / 46
8.3 盒子命名的规矩——变量的命名规则 / 47

8.4 巫师也爱偷懒——变量的多重赋值 / 48
8.5 巫师玩杂耍——交换变量 / 49
8.6 万能的魔法——变量存储数据的类型 / 50
8.7 变量应用案例 1——解开封印 / 51
8.8 变量应用案例 2——巫师们的考验 / 52
8.9 变量应用案例 3——巫师们的"烟火表演" / 52

第 9 关 7 眼 3 嘴的拦路怪兽——算术运算与比较运算 / 54

9.1 怪兽的样子有道理——两种运算符 / 55
9.2 怪兽的 7 只眼睛——算术运算符 / 55
9.3 怪兽的 3 张嘴巴——比较运算符 / 56
9.4 眨眼、张嘴有顺序——各种运算符的优先级 / 56
9.5 怪兽离不开巫师的帮助——变量在运算中的应用 / 57
9.6 具有"超能力"的运算符——处理字符或字符串 / 58
9.7 怪兽的第一拨问题——加、减、乘、除运算 / 58
9.8 怪兽的乘方问题 / 59
9.9 怪兽的整除问题 / 60
9.10 怪兽的取模运算 / 61
9.11 怪兽嘴巴的编号——比较运算 / 61

第 10 关 危险的"外交家"——字符串 / 62

10.1 "外交家"的使命——字符串的核心作用 / 63
10.2 "外交家"的排场——字符串的标识方法 / 63
10.3 转换字符串的"捷径"——str() 函数 / 65
10.4 标号的"盒子串"——初识序列 / 65
10.5 转义字符 / 67
10.6 处理字符串的"工具箱"——字符串函数 / 69
10.7 在字符串中嵌入元素的两种方法 / 76
10.8 狮口脱险——应用案例 / 78

VII

第 11 关　怪兽餐厅——列表　/　81

11.1　怪兽的菜单——列表是什么　/　82

11.2　创建一份自己的菜单——创建列表的方法　/　83

11.3　只要一份菜单——列表的组合与重复　/　83

11.4　点菜的方法——通过索引和切片获取列表元素　/　84

11.5　怪兽们的各种技能——列表的函数　/　85

11.6　怪兽餐厅的赠菜活动——列表函数应用案例 1　/　89

11.7　顾客统计——列表函数应用案例 2　/　90

11.8　付款的考验——列表函数应用案例 3　/　90

第 12 关　王国里"最顽固"的人——元组　/　92

12.1　"怪兽餐厅"老板的弟弟——元组是什么　/　93

12.2　创建元组　/　93

12.3　元组与列表的区别　/　94

12.4　通过索引和切片获取元组元素　/　94

12.5　更改、删除的替代方法　/　95

12.6　常用的元组函数　/　96

12.7　改善小镇居民的生活　/　98

12.8　"荣誉公民"选举　/　98

第 13 关　要"名片"的迷宫——字典　/　100

13.1　带名字标签的"盒子"——字典　/　101

13.2　创建字典的方法　/　102

13.3　字典的检索　/　102

13.4　字典的更改、增加、删除　/　103

13.5　字典的相关函数　/　104

13.6　勇闯"宝石山谷"——字典应用案例 1　/　108

13.7　解救鹦鹉——字典应用案例 2　/　112

13.8　解密迷宫地图——字典应用案例 3　/　113

第 14 关　两个脑袋的守护者——逻辑运算　/　115

14.1　"守护者绝招"的本质——0 和 1　/　116
14.2　两个脑袋都同意才可以——and　/　116
14.3　有一个脑袋同意就可以——or　/　117
14.4　两个脑袋"对着干"——not　/　118
14.5　两个脑袋做 100 个脑袋做的事情——逻辑运算符的连续运用　/　119
14.6　守护者的数字难题——逻辑运算应用案例 1　/　120
14.7　守护者的牙齿难题——逻辑运算应用案例 2　/　120
14.8　守护者的第三个难题——逻辑运算应用案例 3　/　121

第 15 关　后花园的秘密——复习　/　122

15.1　清理毒玫瑰花丛　/　122
15.2　寻找宝匣子　/　123
15.3　宝匣子里面有什么　/　125
15.4　口吐宝石的青蛙　/　126
15.5　破解青蛙身上的咒语　/　127

第 16 关　解救农场小奴隶——循环控制　/　128

16.1　鹦鹉的"秘方"——循环控制　/　129
16.2　温顺的"猛兽"——for 循环　/　130
16.3　range() 函数　/　131
16.4　更聪明的"猛兽"——while 循环　/　133
16.5　爱发狂的"猛兽"——无限循环　/　134
16.6　制服"猛兽"的两把利剑——break 语句和 continue 语句　/　135
16.7　循环条件中的小技巧——len() 函数的应用　/　136
16.8　农场主的第一个难题：整理仓库　/　137
16.9　农场主的第二个难题：计算产量　/　138

第 17 关　王宫的"守门人"——条件语句　/　140

17.1　if 就是谈条件　/　141
17.2　if 的使用方法　/　144

IX

17.3 重要的后半句：if...else / 145

17.4 "10 000 种可能"的条件判断语句：if...elif...else / 147

17.5 进入宫殿——条件语句的应用 / 148

第 18 关　"大口袋狗"和"小口袋狗"——条件语句的嵌套 / 153

18.1 条件语句的嵌套 / 154

18.2 条件语句嵌套与使用复杂条件的区别 / 154

第 19 关　军队演习——复习 / 156

19.1 简单的队形 / 156

19.2 复杂的队形 / 159

19.3 一支服从指挥的队伍 / 161

第 20 关　国王的"魔盒"——函数 / 165

20.1 "魔盒"的秘密——函数的实质及作用 / 166

20.2 改装"魔盒"——函数的定义方法 / 167

20.3 "魔盒"的使用方法——函数调用 / 168

20.4 让"魔盒"更合心意——带参数的函数 / 168

20.5 可返回值函数的关键——return 语句 / 170

20.6 内外有别——变量作用域 / 171

20.7 黄金宫殿的秘密——函数应用案例 1 / 172

20.8 御厨的技能——函数应用案例 2 / 172

20.9 烟火表演——函数应用案例 3 / 173

第 21 关　国王的跑马场——初识类和对象 / 175

21.1 派森造马——多个函数配合实现功能 / 176

21.2 造 1 匹马的时间造 10 000 匹马——国王造马 / 177

21.3 没有用到新知识——初识面向对象编程 / 178

21.4 制造"模型"——类的定义方法 / 179

21.5 赋值"模型"——类的实例化方法 / 180

21.6 马儿合唱团——类和对象应用案例 / 180

第 22 关　王国的"天马卫队"——高级面向对象编程　/　183

　　22.1　深入了解面向对象编程　/　184
　　22.2　类的标准定义方法　/　184
　　22.3　类的封装　/　185
　　22.4　类的继承方法　/　187
　　22.5　类的方法重写　/　189
　　22.6　国王的"天马卫队"——面向对象编程应用案例　/　190

第 23 关　勇闯"死亡之路"——综合案例　/　192

　　23.1　变成代码的"派森"　/　193
　　23.2　"跨基因"塑造更加强壮的身体——多重继承　/　194
　　23.3　战胜深海巨鱼怪兽　/　196
　　23.4　穿越黑森林　/　198
　　23.5　有 100 只巨鹰怪兽的天空之城　/　201

第 24 关　巨象山谷——综合案例　/　208

　　24.1　躲过一只巨象的攻击　/　208
　　24.2　更加危险的巨象　/　210
　　24.3　象群的攻击　/　213
　　24.4　勇闯僵尸巨象营地　/　215
　　24.5　破解咒语的宝石　/　218

第 25 关　时空之门——综合案例　/　221

　　25.1　呼唤"天梯"　/　222
　　25.2　时空之门的锁　/　225
　　25.3　通过"云桥"　/　228
　　25.4　过程类　/　229

附录 A　Python 开发工具的安装方法　/　231

第 1 关

国王的鹦鹉——print() 函数

本关要点：
了解 print 语句的作用；
掌握 print 语句的语法规则；
了解"Debug"及"原型"的概念；
了解 print() 函数能够输出的数据类型；
初识变量，能够在 print() 函数中运用变量。

派森沿着一条小路往前走，他很想找到离开 Python 王国的出口。但这个王国好像特别大，他想找个人问路，可是周围一个人也没有。这时飞过来一只鹦鹉，说着下面这种奇怪的语言：

```
print('你叫什么名字？')
print('你为什么在这里？')
```

派森虽然能看懂里面的汉字，也知道英文单词 print 是"打印"的意思，可是鹦鹉为什么这么说呢？他灵机一动，模仿鹦鹉说话的样子说出了下面的话：

```
print('我叫派森，在这里迷路了，我要回家！')
```

鹦鹉马上重复了同样的话："我叫派森，在这里迷路了，我要回家！"派森好像明白 print 语句这种说话的方式了，原来能够让鹦鹉学舌，就像按照文件的样子"打印"出来一样。懂得了这一点，派森就可以与鹦鹉聊天了。

派森通过聊天了解到：它是国王的鹦鹉，虽然也可以像其他鹦鹉一样用

print 语句学舌，但是它比其他鹦鹉更了解这个王国，甚至知道这个王国的一些秘密。这只鹦鹉告诉派森：只有国王知道离开这个王国的路，自己在国王外出打猎的时候迷路了，它和派森可以一起去寻找国王。

1.1 这只鹦鹉不简单——print 语句的作用

鹦鹉说：在 Python 王国里，大家都用一种特殊的语言交流——编程语言，用编程语言写出来的内容叫作程序代码，写代码的规则叫作语法规则；只有运行代码，别人才能知道你说了什么、做了什么。下面我们来揭示一下鹦鹉学舌的秘密——print 语句。它的语法很简单：在 print 后面紧跟一对括号，将要输出的信息放在括号中就可以了，如图 1.1 所示。

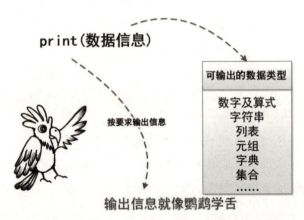

图 1.1　print 语句的语法示意图

按照上面的规则写好代码之后，只要开始运行程序，就会像鹦鹉学舌般准确地输出信息。print 语句虽然语法简单，但在编程中却能发挥重要的作用。

第 1 关　国王的鹦鹉——print() 函数

1.1.1　print 语句的作用 1——输出信息

　　print 语句最基本的作用就是输出信息。这看似简单，但在什么时候、什么情况下输出，按照什么格式输出却是大有学问的。同时鹦鹉有一个聪明的大脑，可以在输出语句中进行相应的计算。例如，下面的代码就表示输出 3 遍 "hello" 后说出派森的名字。

```
>>> print('hello' * 3 + '派森')
hellohellohello派森
```

　　说明：本书中的代码示例如果以 ">>>" 开头，则表示直接在 IDLE 编程环境中输入代码，下一行则为运行结果；如果没有以 ">>>" 开头，则表示在新建的文件中输入代码。

1.1.2　print 语句的作用 2——调试程序

　　学生做作业有时会出错，需要经过检查才能发现错误。我们在写程序代码的过程中也会出错，这时候就需要找出程序中的错误，找错的这个过程叫 "Debug"。Debug 是 "找出臭虫" 的意思，这个 "臭虫" 就是指程序错误。在找错误的过程中会经常用到 print 语句，我们可以把它们放在不同的地方，就好像让它们监督程序代码，当发现错误的时候它们会大声说："第 × 行代码这里有错误！"

1.1.3　print 语句的作用 3——原型设计

　　所谓原型就是一个简化的模型。例如，我们计划用纸做一辆 1 米长的汽车，那么我们可以先用 10 厘米长的小纸盒装上轮子试试，这个小试验品就是一个原型。原型的作用就是花最少的力气看看 "最终的东西" 有没有可能实现。

　　在程序设计中我们也会经常用到原型。例如，我们在程序代码特定的地方加上这样的语句：

```
print('制造一架飞机')
print('让金鱼唱一首英文歌')
```

　　如果运行结果出现了 "制造一架飞机" "让金鱼唱一首英文歌" 的字样，就说明整体原型没有问题。下一步，我们就会编写真正 "制造一架飞机" 和 "让金鱼唱一首英文歌" 的代码，并最终替代 print 语句的部分。

读故事学编程——Python 王国历险记

1.2 鹦鹉的多种表达方式——print() 函数输出的数据类型

print() 函数几乎能够输出 Python 语言的所有数据类型,包括数字及算式、字符串、列表、元组、字典、集合等,如表 1.1 所示。在本书后面的内容中,我们会具体学习每种数据类型。此处让这些数据类型提前与我们见面就是为了告诉大家,print() 函数虽然看似简单,但是它真的很厉害。如果你现在觉得很难理解序列、字典、集合等数据类型,没有关系,可以先跳过去,学完后面的内容再回来查看。在这里只需要了解 print() 函数能够输出这些类型的数据就可以了。

表 1.1 print() 函数输出的数据类型列表

序 号	数 据 类 型
1	数字及算式
2	字符串
3	序列(列表、元组)
4	字典
5	集合

注意:字符串也可以归为序列,但是字符串与列表、元组等有较大区别且内容较多,因此将其单独拿出来进行讲解。

各种数据类型的输出方式一样,都是将数据放入 print() 函数的括号中。下面我们分别举例。

数字及算式:

```
>>> print(3.1415)
3.1415
>>> print(10 + 53 - 1)
62
```

字符串:

```
>>> print('hello')
hello
```

第 1 关　国王的鹦鹉——print() 函数

列表：

```
>>> print([1, 2, 'abc'])
[1, 2, 'abc']
```

元组：

```
>>> print((10, 20, 30))
(10, 20, 30)
```

字典：

```
>>> print({'name':'派森', 'age':10})
{'name': '派森', 'age': 10}
```

集合：

```
>>> print({12, 25, 36})
{12, 25, 36}
```

1.3　把"盒子"含在嘴里——print() 函数中的变量

这里我们第一次接触编程世界里最重要的概念之一——变量，我们可以把它理解为一个可以装下任何类型数据的盒子。如果我们把上面提到的某种类型的数据装入这个盒子，再把这个盒子放在 print 后面的括号中，那么就能输出盒子里所装的数据了。而且我们能够通过随时更换盒子里的内容来改变输出的内容，如图 1.2 所示。

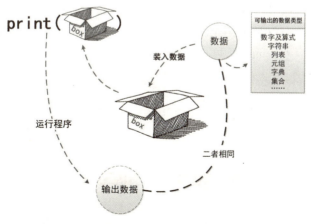

图 1.2　变量在 print() 函数中的应用示意图

读故事学编程——Python 王国历险记

例如下面的代码,我们在盒子的名字"box"后面加一个等号,只要把内容放在等号后面,就代表已将其装在盒子里了。然后我们把盒子"box"放在 print() 函数里,运行之后即可输出结果"我是字符串"。

```
>>> box = '我是字符串'
>>> print(box)
我是字符串
```

如果我们想更换盒子里的内容,只需要更改"box = "后面的内容就可以。例如下面的代码:

```
>>> box = 101
>>> print(box)
101
>>> box = (100, 200)
>>> print(box)
(100, 200)
```

1.4 盒子的组合——print() 函数中的算式

print() 函数不但能输出单独的数据,还能对算式进行计算。即使再复杂的算式,print() 函数也能很快地输出结果。例如下面的代码:

```
>>> print(1.2 + 20 + 10 / 2)
26.2
```

同时,我们也可以直接将带有变量的表达式放入 print() 函数。例如,下面的代码将两个数字分别装入两个变量"box1"与"box2",然后直接将带有这两个变量的表达式放入 print() 函数,输出结果准确无误。

```
>>> box1 = 10
>>> box2 = 5
>>> print(box1 / 2 + box2 * box1 + 100)
155.0
```

1.5 print() 函数的两个"助手"——sep 与 end

如果需要 print() 函数一次输出多个数据,数据之间应该用","隔开,而在

第1关 国王的鹦鹉——print() 函数

输出结果中各个数据会默认用空格隔开。例如下面的代码：

```
>>> print(1, 2, 3, 4)
1 2 3 4
```

如果我们想让输出结果用其他的符号连接，而不仅仅是空格，办法也很简单，只需要在 print 括号内加上"sep='x'"（x 代表连接符号，可以将其换为其他符号）就可以了。例如下面的代码：

```
>>> print(1, 2, 3, 4, sep='x')
1x2x3x4
>>> print(1, 2, 3, 4, sep='—')
1—2—3—4
>>> print(1, 2, 3, 4, sep='@')
1@2@3@4
```

接着想一想，如果我们想在结果中去掉空格该怎样操作？没错，在 sep 语句中的单引号内不放内容就可以了。例如，下面的代码输出的结果就是没有空格的连续数字。

```
>>> print(1, 2, 3, 4, sep='')
1234
```

下面我们试试多个 print() 函数同时运行是什么样子的。

```
print(1, 2, 3, 4)
print(5, 6, 7, 8)
print(0, 0, 0, 0)
```

输出结果为：

```
1 2 3 4
5 6 7 8
0 0 0 0
```

通过输出结果我们可以看到，在每行 print() 函数运行之后，都会自动换行。如果我们想避免这种换行，就需要在 print() 函数的括号中加上这个语句 end=''，与前面的数据用逗号隔开。

```
print(1, 2, 3, 4, end='')
print(5, 6, 7, 8, end='')
print(0, 0, 0, 0, end='')
```

读故事学编程——Python 王国历险记

输出结果为:

```
1 2 3 45 6 7 80 0 0 0
```

这样,3 行程序的输出结果都在同一行了,只是空格分布不均匀,不如用老办法将所有空格去掉,执行下面的代码猜一猜会输出什么结果。

```
print(1, 2, 3, 4, sep='', end='')
print(5, 6, 7, 8, sep='', end='')
print(0, 0, 0, 0, sep='', end='')
```

鹦鹉告诉派森,print() 函数还有很多更高级的功能,如字符串格式化、不同进制的数字输出等,这些内容它后续都会教给派森。

第 2 关

"大耳朵"部落——input() 函数

本关要点：

了解 input 语句的用法；

掌握 input 语句的语法规则；

掌握变量与 input 语句配合使用的方法；

学会用 type() 函数检测数据类型；

学会用 int() 函数与 float() 函数转换数据类型。

派森和鹦鹉肚子饿了，他俩向着远处的炊烟走去，心想终于有饭吃了。突然一群"野人"包围过来，并用绳子把他俩绑了起来。他俩被吓坏了。这些野人都长着两只超级大的耳朵，一个野人输出了下面这句话：

```
input('你叫什么名字？')
```

运行程序之后，出现了"你叫什么名字？"，同时光标就在这句话后面闪烁。派森明白了他们的意思，在光标处输入自己的名字——"派森"。这个野人点点头，又用同样的句式问了下面的问题：

```
input('你为什么在这里？')
input('要去哪儿？')
```

派森也依次回答了——"路过这里""找国王"。这个野人点点头，离开了。第二个野人过来，又问了同样的 3 个问题，之后第三个野人也过来问了同样的问题……这伙野人共有 18 个人，因此派森回答了 18 次同样的问题。派森猜测他们

读故事学编程——Python 王国历险记

只会用 input 语句提问，并且记不住答案。

炊烟升起的地方支起了一口大锅，野人们抬着派森和鹦鹉向大锅走去，看来他们要把他俩煮熟了吃掉。派森和鹦鹉大喊"救命"，可是没人理会。突然鹦鹉灵机一动，想到可以试试 Python 语言，于是它说出了下面的话：

```
>>> print('不要吃我们！')
不要吃我们！
```

听了鹦鹉的话，在场的野人都像木头人一样站在原地不动了，突然野人们朝着鹦鹉和派森跪了下来，并给他们解开了绳子。野人们问：

```
input('你们能直接说话，是天神吗？')
```

派森猜对了，这个野人部落真的只会用 input 语句提问，不会说别的话。派森说他俩不是天神，如果将他俩放了，可以教会野人们用 print 语句说话。野人们同意了这个提议。于是，派森把之前新学到的 print 语句的知识都教给了野人们。野人们也开始学会用 print 语句说话了：

```
print('我们要带你俩去见我们的首领！')
print('但你们要先学会我们这儿的说话方式。')
```

于是，野人们也开始教他俩 input 语句的使用方法。

2.1 "大耳朵"部落的语言秘籍——input 语句的用法

我们可以把 input 语句称为"输入语句"，它主要用于将一些数据输入计算

10

第 2 关 "大耳朵"部落——input() 函数

机。它与 print 语句正好相反：print 语句用于从计算机中输出信息。对于这些"大耳朵"野人来说，input 语句就像听取信息，而 print 语句就像说出信息。

input 语句的用法也很简单，在 input 后面带上一对括号就可以了，如图 2.1 所示。运行程序后，我们在光标闪烁处输入信息就可以了。但是这样可能会让人困惑，因此我们最好在 input 后的括号中添加一些提示信息。

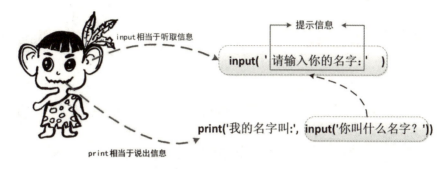

图 2.1　input 语句示意图

在如图 2.1 所示的案例语句中，input 语句相当于用耳朵听取信息，提示信息在运行程序后会出现在界面上。如果我们把听到的信息放在 print 语句中，就相当于把听到的信息用嘴巴又说了出来。最后的运行结果界面如图 2.2 所示。

图 2.2　input 语句运行结果界面

在上面的案例中，如果用一个变量表示，会使程序看起来更加容易理解，就像下面这样：

```
name = input('请输入你的名字:')
print('我的名字叫:', name)
```

于是派森就用 input 语句与野人交流起来，野人也可以用 print 语句主动交谈

11

读故事学编程——Python 王国历险记

了,就像下面这样:

```
>>> input('你们刚刚问了很多遍同样的问题,是不是记不住答案?')
你们刚刚问了很多遍同样的问题,是不是记不住答案?是的
'是的'
>>> print('只有我们的首领才能记住东西。')
只有我们的首领才能记住东西。
```

2.2 把问题的答案装在"盒子"里——变量的应用

"大耳朵"野人告诉派森:因为首领能记住问题的答案,所以部落里的人都很佩服他,但是他总是让大家做坏事,如抓住过路的人煮熟了送给他吃。

派森非常痛恨这个坏首领,于是他告诉野人们:"把问题的答案装在盒子里就能记住了。"派森所说的"盒子"就是鹦鹉教给他的"变量"。大家还记得变量吗?如果忘了可以看看前面的相关内容。于是,他大胆地说出了下面的代码:

```
>>> myAnswer = input('你们的部落叫什么名字?')
你们的部落叫什么名字?大耳朵部落
>>> print(myAnswer)
大耳朵部落
```

一下子,"大耳朵"部落的野人们都欢呼起来,他们终于可以像首领一样记住问题的答案了。为了验证效果,他们又做了很多次尝试,就像下面这样:

```
>>> myA = input('我们的首领是好人还是坏人?')
我们的首领是好人还是坏人?坏人
>>> myA2 = input('我们要不要赶走他?')
我们要不要赶走他?要赶走他!
>>> myA3 = input('我们还害怕什么?')
我们还害怕什么?他会计算,我们不会。
>>> print(myA, myA2, myA3)
坏人 要赶走他! 他会计算,我们不会。
```

2.3 "大耳朵"野人不会计算的原因——用 type() 函数检测数据类型

原来大家想赶走坏首领,可是只有首领会计算,要是能教会大家计算就好

第 2 关 "大耳朵"部落——input() 函数

了。派森问鹦鹉有没有办法,鹦鹉说它有一个宝贝——type() 函数。这个 type() 函数能够检测数据的类型。例如:

```
>>> type('这个函数能检测输出类型')
<class 'str'>
>>> type(100)
<class 'int'>
>>> type(3.14159)
<class 'float'>
```

鹦鹉解释说,将数据放入 type 后的括号中,就能输出这个数据的类型。例如,在上面的代码中,如果输入一句话,就会输出字符串数据类型,用"str"表示(字符串的英文单词为 string);如果输入一个整数,就会输出"int"(整数的英文单词为 integer),代表整数;如果输入一个小数,就会输出"float",代表浮点数,我们可以将其理解为小数。下面就让我们看看 input 语句返回的结果是什么数据类型的吧!

```
>>> myNum = input('你的幸运数字是多少? ')
你的幸运数字是多少? 6
>>> type(myNum)
<class 'str'>
```

在上面的代码中,我们将自己的幸运数字通过 input 语句赋值给了变量 myNum,但当我们用 type() 函数检测 myNum 数据类型的时候,显示的却是字符串类型"str"。也就是说,通过 input 语句获得的数据都是字符串类型的数据,即使我们输入的是整数或小数,这就像我们说的话中所包含的数字一样。这下大家应该明白了"大耳朵"野人不会计算的原因了吧,因为只有数字类型的数据才能计算。

2.4 学会计算——用 int() 函数与 float() 函数转换数据类型

鹦鹉告诉大家不要担心,因为它还有两样宝贝可以帮助大家,那就是——int() 函数与 float() 函数。这两个函数能够将 input 语句中的数字信息转化为数字类型。大家应该猜到了,int() 函数输出的结果是整数,而 float() 函数输出的结果是小数。我们来验证一下吧。

读故事学编程——Python 王国历险记

```
>>> myNum1 = input('请输入一个整数:')
请输入一个整数:8
>>> myNum2 = input('请输入一个小数:')
请输入一个小数:4.5
>>> myNum1 = int(myNum1)
>>> myNum2 = float(myNum2)
>>> type(myNum1)
<class 'int'>
>>> type(myNum2)
<class 'float'>
>>> print(myNum1 + myNum2)
12.5
```

在这段代码中，myNum1 = int(myNum1) 的意思是将 myNum1 用 int() 函数转换为整数类型后重新赋值给变量 myNum1，通过 type(myNum1) 运行结果，我们看到真的变成 int 类型了。同样的道理，我们也将 myNum2 变成 float 类型。通过代码 print(myNum1 + myNum2) 我们看到，两个数字可以进行计算了。

野人们看到这个程序的运行结果兴奋极了，他们终于可以得到数字类型的数据了，终于也可以像首领那样将通过 input 语句获得的结果用于计算了。

鹦鹉提醒大家：要注意 int() 函数与 float() 函数的区别。如果将一个整数通过 float() 函数变为浮点数，会在整数后面加上 ".0"；如果将一个小数通过 int() 函数变为整数，会省略掉小数点后面的部分，就像下面这样：

```
>>> num1 = 3
>>> num2 = 10.12
>>> num1 = float(num1)
>>> num2 = int(num2)
>>> print(num1, num2)
3.0 10
```

2.5 制造一匹"机器马"——input 语句的交互控制

input 语句在 Python 编程中作用很大，特别是在实时控制、实时交互的程序中尤为重要，但这部分内容往往要和其他代码结合才能看到神奇的效果。例如，我们可以制造一匹神奇的"机器马"，你想让它跑多快都可以。当你让它的速度快于 100 千米 / 小时的时候，它会及时提醒："速度太快了，要坐稳哦！"如果你让它的速度比 100 千米 / 小时慢的时候，它会爽快地回答："好的，主人！"

第2关 "大耳朵"部落——input() 函数

但这里要用到一个条件语句——if 语句。if 语句我们会在后面学到,意思是"如果满足……就会执行……程序",这里我们需要把条件放在 if 与冒号之间,并将执行代码放在下一行,缩进 4 个空格。这匹"机器马"的控制代码如下:

```
speed = input('你想让机器马跑多快?')
speed = int(speed)
if speed > 100:
    print('速度太快了,要坐稳哦!')
if speed < 100:
    print('好的,主人!')
```

"大耳朵"部落的野人们在派森和鹦鹉的帮助下终于能够记住答案,并能够进行计算了,他们再也不想听从坏首领的命令去做坏事了。于是,他们赶走了坏首领,大家过上了快乐的生活。派森和鹦鹉又继续向前赶路了。

第 3 关

一件"隐身衣"——注释

本关要点：
了解注释的作用；
掌握注释的两种方式。

派森和鹦鹉走在 Python 王国的大街上。原来这个王国也和人类社会一样，有各种餐馆、杂货店、裁缝店、赛马场……而且这些地方也有各种广告牌、海报，甚至传单，只不过上面的信息都是用 Python 语言编写的。派森发现很多广告反复在用一些奇怪的符号，就像这样：

```
print('怪兽餐厅欢迎您，用餐打五折！')    # 打折的信息，周六和周日不显示
chPrice = 105                            # 优惠价格
exPrice = 210                            # 正常价格
print('今日价格', chPrice)
#print('今日价格', exPrice)
```

派森心里盘算着：在第一行代码中，"#"之前的意思是输出字符串；在第二行和第三行中，"#"之前的意思是为变量赋值；而最后一行代码直接在开头加了"#"，这个"#"是什么意思呢？看到派森一脸疑惑的样子，鹦鹉压低声音表情神秘地对他说，那是 Python 王国的"隐身衣"。

第 3 关 一件"隐身衣"——注释

3.1 "隐身衣"——注释的作用

鹦鹉告诉派森：在 Python 王国里，只要为程序代码或其他形式的信息穿上"隐身衣"，在执行代码的时候，就不会被计算机识别，像不存在一样。例如，我们执行代码 print('hello')，肯定会输出字符串"hello"，但是如果我们在这一行代码前面加上一个"#"，运行代码之后就什么也不会输出。这个"#"主要发挥的是注释的作用。

使用注释主要有 3 个好处：对程序进行备注，防止自己忘记；为他人提供方便，便于合作；便于测试程序。

3.1.1 对程序进行备注，防止自己忘记

我们编写的程序一般会有很多行，如果是较大型的程序，也许会编写很长时间，有时候我们在看前面的程序时很可能会忘记代码的具体含义。如果通过注释对代码的功能进行简要记录，就能很好地避免这种情况。

3.1.2 为他人提供方便，便于合作

很多时候我们需要看别人的代码，如果代码具有完善的注释，我们就能很快地看懂程序的功能，同样别人也希望我们的代码具有完整的注释。这样，在我们与他人合作编写一个程序的时候就能极大地提高效率。

3.1.3 便于测试程序

我们在测试或修改程序的时候，需要让一部分代码停止运行，这时候只需要在代码前加上注释符号就可以了。当需要恢复代码运行的时候不需要重敲代码，只需要把注释符号去掉即可。

3.2 "隐身衣"的两种样式——注释的方式

注释有两种方式：单行注释与多行注释。单行注释以"#"开头，多行注释

用3对单引号或者3对双引号将注释内容包含其中。例如下面的代码，运行程序之后，什么都不会显示，因为这些代码都穿上了"隐身衣"。

```
# 这是单行注释与多行注释的区别
'''
用3对单引号表示多行注释
print('第一行不显示')
print('第二行不显示')
print('第三行不显示')
'''
"""
用3对双引号表示多行注释
print('第1行会显示吗？')
print('第2行会显示吗？')
print('第3行会显示吗？')
print('第4行会显示吗？')
"""
```

鹦鹉让派森再看本关开头的3行代码。派森现在知道了，那些注释或者是对代码的解释，或者是暂不执行的代码，总之是不让计算机"看见"的内容。鹦鹉问：开头案例中怪兽餐厅到了周六和周日不会打折，这时候代码应怎样改动？猜猜派森会怎么做？没错，他只要把"#"提到最前面就解决问题了，同时也要注意修改价格，修改后的代码如下：

```
#print('怪兽餐厅欢迎您，用餐打五折！')    打折的信息，周六和周日不显示
chPrice = 105                            # 优惠价格
exPrice = 210                            # 正常价格
#print('今日价格', chPrice)
print('今日价格', exPrice)
```

第 4 关

Python 王国的"哲学家"——伪代码

本关要点：
了解伪代码是什么；
掌握伪代码的两个作用。

这一天，派森和鹦鹉在路上遇到了一位白头发的老人，这位老人总是一副若有所思的样子。鹦鹉告诉派森：老人是 Python 王国的"哲学家"，是王国里最受尊敬的人，他被称为"王国的大脑"。虽然他不会用 Python 语言写代码，但是他会一种在各种编程语言中都通用的沟通方式——伪代码。

4.1　Python王国里不会编程的人——伪代码是什么

你一定感到奇怪,在Python王国里最受人尊敬的居然是一个不会用Python语言编写程序的人。没错,因为他有特别重要的"武器"——思想,也就是伪代码。使用编程语言实现某一个功能只是一种技术手段的实现,最关键的是想法,是清楚想要做的事。

因此,你可以用任何语言或方式编写伪代码,中文、英文、日文……甚至画图都可以,只要你能把想要表达的内容有逻辑地表达出来就可以。

最常见的伪代码是采用介于日常语言和编程语言之间的方式来表达,具体的表达方式可以包括文字和符号(如数学符号)。例如,我们可以这样写伪代码:

```
如果现在的时间是早上7点:
    我想吃早餐
```

也可以写成下面的样子:

```
if 时间 = 早上7点:
    我想吃早餐
```

4.2　"哲学家"的用武之地——伪代码的两个作用

伪代码的作用主要体现在两个方面:一是便于整理编程的思路;二是便于使用不同编程语言的人相互交流。

我们在编写程序时,特别是在编写大型、复杂程序的时候,具有清晰、明确的思路是非常重要的。用伪代码可以直观地把我们的思路呈现出来,有助于提高编程的效率。

有时候编写一个程序需要多个人合作,甚至是使用不同编程语言的人合作,此时有一个通用的、表达思想的中介就方便多了。伪代码正是这样的一个中介。

4.3　"哲学家"几点可以休息——伪代码应用案例1

"哲学家"每天中午12点之前开始思考,周一到周五每天需要思考10个小

第4关　Python 王国的"哲学家"——伪代码

时，周六和周日每天需要思考 8 个小时。如果知道某一天从几点开始思考，如何很快地计算出几点可以休息。伪代码可以写成下面的样子：

```
周一到周五每天思考10个小时
周六和周日每天思考8个小时
如果是周一到周五：
    休息的时间点 = 思考开始的时间点 + 10
如果是周六和周日：
    休息的时间点 = 思考开始的时间点 + 8
```

通过上面的伪代码，我们基本上可以明白其要表达的意思了。我们可以用 Python 语言来翻译上面的伪代码。可能现在看 Python 代码有一定的困难，不过没关系，我们可以先跳过去，只需要了解伪代码可以用不同的编程语言来实现功能就可以了，Python 编程的内容我们会在后面的冒险中慢慢学到。将以上的伪代码翻译为如下的 Python 代码，最后的运行结果如图 4.1 所示。

```python
weekdayTime = 10
weekendTime = 8
day = input('今天星期几？(填写1-7)')
day = int(day)
timeBegin = input('几点开始工作？(填写1-12)')
timeBegin = int(timeBegin)
if day >= 1 and day <= 5:
    timeEnd = timeBegin + 10
elif day > 5 and day <= 7:
    timeEnd = timeBegin + 8
print('休息的时间点为：', timeEnd)
```

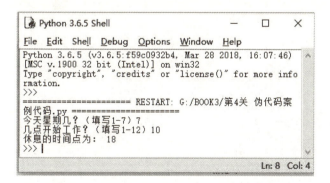

图 4.1 "'哲学家'几点可以休息"运行示意图

读故事学编程——Python 王国历险记

4.4 王国卫队的"机器天马"——伪代码应用案例2

"哲学家"为王国卫队设计了一种会飞的"机器天马",士兵们可以坐着它们保卫国家。这些"天马"能够根据命令做出飞、停、左转、右转、加速、减速 6 种动作。伪代码可以这样写:

```
确定对"天马"的命令
如果命令是"飞":
    天马飞起来
如果命令是"停":
    天马停下
如果命令是"左转":
    天马左转
如果命令是"右转":
    天马右转
如果命令是"加速":
    天马加速飞行
如果命令是"减速":
    天马减速飞行
```

上面的伪代码用 Python 语言可以写成下面的样子,运行结果如图 4.2 所示。同前面的案例一样,看不懂代码可以先跳过去,学习了后面的内容就很容易看懂了。

```python
order = input('请下命令!')
if order == '飞':
    print('天马起飞')
elif order == '停':
    print('天马停下')
elif order == '左转':
    print('天马左转')
elif order == '右转':
    print('天马右转')
elif order == '加速':
    print('天马加速')
elif order == '减速':
    print('天马减速')
```

派森经过反复思考终于明白了为什么伪代码能成为 Python 王国的"哲学家",因为其具有最重要的东西——思想。在我们的现实生活中,也有一些人虽

第 4 关　Python 王国的"哲学家"——伪代码

然不做具体事务，但是依然发挥着非常重要的作用，如公司的 CEO（首席执行官）、公益组织的核心人物等。原来编程和现实生活如此相似，派森很得意自己发现了这个秘密。

图 4.2　"机器天马"运行界面

第 5 关

古老咒语——import

本关要点：
了解模块的作用；
掌握引入模块的两种方式；
掌握 random 模块的引入方法；
掌握 time 模块的引入方法；
掌握 turtle 模块的引入方法。

派森和鹦鹉这一天遇到了一个真正的"天才"：只要他一念咒语，别人的工具、技术就会摆在他的面前。只要他稍加学习就能利用别人的东西快速地完成他在 Python 王国里想做的任何事。在派森和鹦鹉的再三恳求下，这个"天才"才说出了这个古老的咒语——"引入模块"，但是这个咒语需要他俩"冒着受伤的危险"去学习。

5.1 好多工具包——模块是什么

简单地讲，Python 模块就是工具包，它里面可以有我们上面说过的变量，也可以有完成某一项任务的方法。Python 模块可以分为 3 种：内置模块、第三方模

第 5 关　古老咒语——import

块、自定义模块。内置模块可以直接通过咒语引入；第三方模块需要我们先安装一下；自定义模块就是我们自己制作的工具包。

在 Python 王国里，这样的工具包有成千上万个。在 Python 王国里做任何事情，几乎都可以找到对应的模块。例如，用于制作游戏及动画的模块 Pygame；用于控制乌龟画图的模块 turtle；用于创作 3D 立体画的模块 Panda3D；用于处理随机及概率事件的模块 random；用于处理时间问题的模块 time；用于创建图形界面应用的模块 Tkinter；用于图像处理的模块 PIL；用于构建交互式网站的模块 Django、Bottle 等。如果你愿意，你也可以制作一个这样的工具包，让别人使用。

5.2　乾坤大挪移——模块的作用

模块最重要的作用就是使我们在编写程序的过程中不必从头开始。只需要通过咒语就能实现"乾坤大挪移"，将现成的工具包引入我们的程序，并在此基础上进行编程，这样可以极大地提高编程的效率。就像我们用复印机复印文件，只需要按下按钮即可，而不必了解复印机的构成及工作原理。这里的复印机就相当于一个"模块"。

5.3　两种咒语——引入模块的两种方式

在编程中，虽然模块非常重要，但引入模块的语法却非常简单。引入模块有两种方式：将某一个或某几个工具包一次性都引入程序；仅仅将某一个工具包中的某一个工具引入程序。

第一种咒语只能一次性将整个工具包引入程序，语法如下：

```
import    模块名称
```

上述语句就相当于告诉计算机："我已经把某某模块召唤过来了，你可以随意使用啦！"例如，有一个模块名字叫 moudel，那么我们就可以像下面这样将它引入程序：

```
import moudel
```

读故事学编程——Python 王国历险记

如果需要引入两个或更多个模块，也可以通过下面的方式一次性引入：

```
import moudel1, moudel2, moudel3
```

如果我们只想把某一个模块中的一部分引入程序，就需要用到第二种咒语，语法如下：

```
from 模块名 import 某一部分的名字
```

例如，我们只想用工具箱（如命名为"moudel"）里的扳手（如命名为"wrench"），就可以通过下面的语句来实现：

```
from moudel import wrench
```

当然也可以通过第二种咒语将这个工具箱搬过来，就像下面这样：

```
from 模块名 import *
```

也就是说，下面两行代码的作用是一样的：

```
from moudel import *
import moudel
```

说明：这一节中的模块名"moudel"是虚构的，实际操作时需要更换为真正的模块名。

5.4 冒险游戏——random 模块案例

在我们的生活中会经常遇到抽奖、买彩票等活动，这就需要用到随机数。现在教授模块知识的"天才"要求派森和鹦鹉兑现诺言——"冒着受伤的危险"学习，只见他拿出一把能放 6 发子弹的手枪，在第 1～5 个弹孔中装上子弹，而将第 6 个弹孔空着。如果派森遇到空弹孔的位置，就能获得一大袋珠宝，否则就会受伤，代码如下：

```
import random                          # 引入随机模块random
num = random.randint(1, 6)             # 取随机整数
if num < 6:
    print('随机选中了第', num, '个弹孔。')
    print('很遗憾，你受伤了！')
if num == 6:
    print('随机选中了第', num, '个弹孔。')
    print('恭喜你！你获得了一大袋珠宝！')
```

第 5 关 古老咒语——import

在上面的代码中,首先通过 import 语句引入了 random 模块,第二行用 random 模块的方法取 1~6 之间的一个随机整数,代表第 1~6 个弹孔。if 语句是条件语句,满足 num<6 条件的时候,意味着选择了前 5 个弹孔中的一个,这时派森和鹦鹉就会受伤;如果选择了第 6 个弹孔,也就是空弹孔,这时他们就会获得一大袋珠宝。派森战战兢兢地运行程序,很幸运地躲过了一劫,获得了一大袋珠宝,如图 5.1 所示。

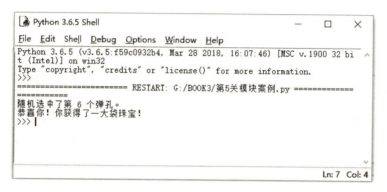

图 5.1 random 模块案例最后的运行结果

5.5 计时猜数——time 模块案例

"天才"开始第二次考验派森,让派森在 10 秒内猜出自己心中所想的数字。这里我们用到了 time 模块,代码如下:

```python
import time                          # 引入time模块
time1 = time.time()                  # 记录开始的时间
Num = 9                              # 要猜的数字
myNum = input('你猜的数字是:')        # 猜数
myNum = int(myNum)                   # 将输入数据变为整数类型
if myNum == Num:
    print('答对了!')
    time2 = time.time()
    tim = time2 - time1  # 计算猜对用时
else:
    print('答错了')
if tim <= 10:
    print('恭喜用了', tim, '秒过关!')
```

读故事学编程——Python 王国历险记

在上面的代码中，先通过 import 语句引入 time 模块。time.time() 可以获得执行这一行代码的时间点，我们称之为"时间戳"，time1、time2 用了两次时间戳功能。猜对了数字的时候通过 tim = time2 – time1 获得两个时间戳的时差，即为猜对数字用了多长时间。如果这个时间小于 10 秒，就输出用了多少秒过关。最后的运行结果如图 5.2 所示。

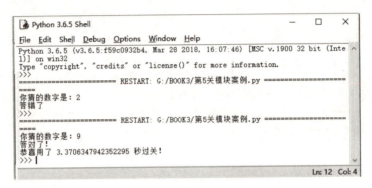

图 5.2　time 模块案例最后的运行结果

5.6　乌龟的"眼镜"——turtle 模块案例

在 Python 王国里生活着一个乌龟"小精灵"，只有我们用咒语召唤它的时候它才会出现，它可以通过爬行留下的痕迹来画各种图案。

这里会用到 turtle 模块。turtle 画布上的坐标与数学课上介绍过的坐标一样，坐标原点 (0,0) 位于画布中间，横坐标向右为正，纵坐标向上为正。在 turtle 模块中常用的方法有以下几种，如表 5.1 所示。

表 5.1　turtle 模块常用的方法

turtle 方法	说　　明
goto(x,y)	移动到坐标 (x,y)
right(n)	右转 n°
left(n)	左转 n°
circle(r)	以 r 为半径画圆（半径为正，则圆心在左边，否则在右边）
pendown()	落笔，乌龟爬行留下痕迹
penup()	抬笔，乌龟爬行不留痕迹

第 5 关　古老咒语——import

我们让乌龟画一个眼镜的图案，代码如下：

```
from turtle import *
goto(50, 0)
right(90)
circle(50)
goto(-50, 0)
circle(-50)
penup()
goto(-150, 0)
pendown()
goto(-250, 150)
penup()
goto(150, 0)
pendown()
goto(250, 150)
```

运行代码，会弹出一个舞台，乌龟就会按照我们设计的路径绘画，最后的运行结果如图 5.3 所示。

"天才"告诉派森和鹦鹉，他俩已经基本掌握了使用内置模块的方法，但是模块还有很多种，仍需要他们不断地学习。他觉得派森和鹦鹉真的很聪明，临别前又送给他俩一大袋珠宝。

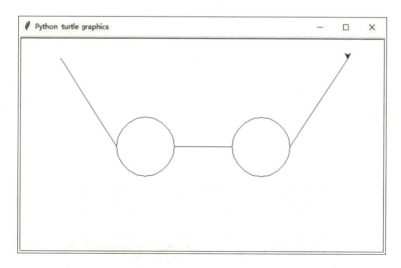

图 5.3　turtle 模块案例最后的运行结果

第 6 关

拯救"呆头"小镇——随机函数

本关要点：
了解随机数的作用；
掌握随机整数的使用方法；
掌握固定步长的随机整数的使用方法；
掌握随机小数的使用方法；
掌握有限制的随机小数的使用方法；
掌握随机抽取序列元素的方法。

有一天，派森和鹦鹉走进了一座奇怪的小镇。这里所有的房子都一样，所有的树木都一样，所有的交通工具都一样……总之，这里每一类东西的模样都完全一样。甚至这里的人，无论男女老少都有一样的身高、一样的体重、一样的衣服，而且都长着一模一样的方脑袋。派森觉得这里的每个人都呆呆的，就把这个地方叫作"呆头"小镇。

第6关 拯救"呆头"小镇——随机函数

当他俩走在大街上的时候,小镇的居民很快就发现了他们。于是这些"呆头"慢慢把他俩包围起来,而且聚集的人越来越多,他们都在问他俩为什么长得和大家不一样。鹦鹉急得大喊:"你们这里就是因为没有随机函数,所有人才长得一模一样!"这些"呆头"提出:一定要听一听什么是"随机函数",否则不会让他们离开。

6.1 改变"呆头"小镇的关键——随机数

随机数就是我们无法提前知道、无法预测的数字。在人类的实际生活中,很多地方都离不开随机数,如抽奖、选幸运观众、上网用到的验证码、开电子密码锁等,我们无法提前知道结果,这些活动本质上就是在利用随机数。

在Python王国里,随机函数主要分为3种:获得整数的随机函数、获得小数的随机函数和随机抽取序列元素的随机函数。

在Python编程中,若要使用随机数,需要首先使用我们前面学过的咒语——import语句。也就是告诉计算机我们要用随机数了,要它做好准备,就像下面这样:

```
import random
```

6.2 就像抽奖——随机整数

随机整数是我们在编程中最常用到的随机数。在通过import语句引入random模块之后,只需要按照下面的格式编写代码就可以获得一个大于或等于m、小于或等于n的随机整数。这就如同抽奖:将从m到n的所有整数都分别写在一张纸条上,然后把这些纸条放在一个大罐子里,抽奖的人闭着眼睛从罐子里随便抽出一张纸条,纸条上的数字就是获得的随机整数,如图6.1所示。

例如,我们要从100个人中抽取一名幸运的获奖者,就需要每个人对应1~100范围内的一个号码,这样就可以通过下面的程序进行抽奖了:

```
import random
num = random.randint(1, 100)
print(num)
```

读故事学编程——Python 王国历险记

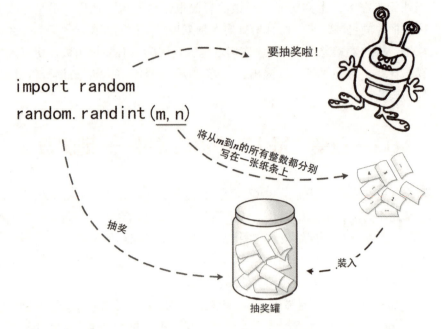

图 6.1 随机整数与抽奖类比图

在上面的代码中,我们将随机数赋值给一个变量 num,又通过 print 语句将获得的随机数结果显示出来。通过运行结果我们就会发现,每次返回的结果都是不一样的,并且是我们无法提前知道的。其实随机数让生活中的很多事情变得更加公平。

我们平时上网用到的验证码其实也是一种随机函数。例如,我们要生成一个 4 位的随机验证码,就可以通过下面的代码实现:

```
import random
num1 = random.randint(0, 9)
num2 = random.randint(0, 9)
num3 = random.randint(0, 9)
num4 = random.randint(0, 9)
print(num1, num2, num3, num4, sep='')
```

在上面的代码中,我们用了 4 个随机函数,并将结果分别赋值给 4 个变量,最后用 print 语句输出结果。其实上面的代码如果用循环控制会变得更加简单,关于循环控制,我们会在后面进行详细讲解。

第 6 关 拯救"呆头"小镇——随机函数

6.3 一次只能走两步的家伙——固定步长的随机整数

随机函数中有一种能够设定固定步长的随机整数,就像一个一次只能迈两步的奇怪家伙,如果用随机数来要求他走几步的话,只能是 0 步、2 步、4 步、6 步等。当然上面的随机数完全也有可能出现 1、3、5、7 等奇数,这就需要另一种生成随机整数的方式了,如图 6.2 所示。

```
import random
random.randrange(m, n, 1)
```

当 $n-m$ 能够被 1 整除的时候,最大随机数为 n,否则为 $n-1$。

图 6.2 固定步长的随机整数示意图

在上面的示意图中,会生成从 m 开始的,依次以 1 为步长(也就是最小的增量单位)增加的,并且小于或等于 n 的随机整数。

现在我们要从 200 个人中抽取两名幸运者,其中 1,3,5,…,199 这些奇数号码对应着 100 名男同学,而 2,4,6,…,200 这些偶数号码对应着 100 名女同学。如何才能从中抽取一名男同学和一名女同学呢?我们可以通过下面的代码实现:

```python
import random
boyNum = random.randrange(1, 199, 2)
girlNum = random.randrange(2, 200, 2)
print('幸运男同学的号码为:', boyNum, '幸运女同学的号码为:', girlNum)
```

在上面的代码中,从 1 开始依次加 2,获得的肯定都是奇数,所以语句 randrange(1, 199, 2) 能够随机抽取 1~199 之间的一个奇数作为幸运男同学的号码。同样的道理,randrange(2, 200, 2) 能够随机抽取 2~200 之间的一个偶数作为幸运女同学的号码。

6.4 孙悟空的圈——随机小数

在我们的生活中，有些情况是无法用整数来描述的，这就是小数存在的意义。例如，几个人一起吃一个西瓜，每个人吃多少西瓜？每个人的身高是多少米？爸爸的体重是你的体重的多少倍？上面这些问题的答案只能用小数（或分数）来表示，编程世界有时候也需要一些随机小数。如果你想获得0与1之间的任意小数，你会遇到随机数语句中语法最简单的一个，如图6.3所示。

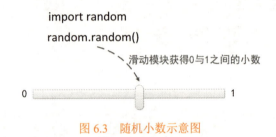

图6.3 随机小数示意图

千万别小看了这个绝对值小于1的小数，因为它可以用于表示比例、程度等概念，只要增加一个乘数就会让它变得威力无穷。

例如，《西游记》里孙悟空给他的师父画了一个圈，他的师父只在圈里活动才能避免妖怪的伤害。假如这个圈的半径为10米，如何让师父随便活动也不会出圈呢？这时候随机小数就派上用场了。我们可以用比例的思维来理解，最远的安全距离就是离圆心为半径100%的距离（也就是1），其他任何大于0且小于1的小数比例都会比1小，这正好符合我们用随机数语句random.random()生成随机小数的规范，所以代码就可以写成这样：

```
import random
scaleNum = random.random()
dis = 10 * scaleNum
print(dis)
```

又例如，我们制造了一个"飞碟"，其最快速度为5000千米/小时，我们让其自由飞行并可以随意变更速度，那么它的速度可能是多少？与上面的案例一样，我们也需要用比例的思维来解决这个问题，最后的代码可以是这样的：

```
import random
```

第 6 关 拯救"呆头"小镇——随机函数

```
scaleNum = random.random()
speed = 5000 * scaleNum
print('飞碟的速度为', speed, 'km/h')
```

6.5 一步到位——有限制的随机小数

0 与 1 之间的随机小数虽然功能强大，但并不能满足我们所有的需求。有时候我们还需要用到有最小值限制的随机小数，这时候就需要另一种生成随机小数的方式了，如图 6.4 所示。

图 6.4 有限制的随机小数示意图

例如，我们养了一只爱吃西瓜的小怪兽，它一次最少可以吃 2 个西瓜，最多可以吃 5 个西瓜。如果我们一次把 5 个西瓜放在它的面前，猜猜它会吃多少。这时候主要看小怪兽的胃口和心情了，随机数语句 random.uniform() 最能满足我们的要求，代码可以是这样的。

```
import random
melon = random.uniform(2, 5)
print('小怪兽这次吃了', melon, '个西瓜')
```

在上面的代码中，random.uniform(2,5) 会生成一个 2 与 5 之间的小数。运行程序结果为"小怪兽这次吃了 4.979 108 496 730 709 个西瓜"，符合这只小怪兽的"饮食习惯"。

6.6 不要编号的抽奖——随机抽取序列元素

随机数还有一个神奇的功能，那就是能够从序列中随机抽取一个元素。如同在抽取幸运观众的时候，我们不但可以抽取代表观众的数字，而且可以直接抽取观众的名字，如图 6.5 所示。

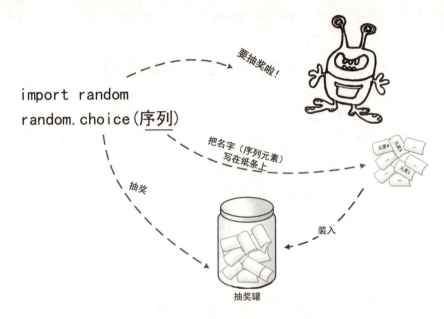

图 6.5　随机抽取序列元素示意图

序列就是一串排好队并编好号码的盒子，盒子里面可以盛放很多东西，我们的随机函数可以闭着眼睛随机抽出一个盒子，不管盒子里面装的是什么。常见的序列包括字符串、元组、列表。

例如，敌军来犯，国王需要"选将出征"，却不知道让谁去比较好。这时候他可以把大将们的姓名装进这些"盒子"——列表里，再通过随机数语句 random.choice() 从中随机抽取一个即可。这个案例的代码可以写成这样：

```
import random
nameList = ['左将军','右将军','司马','太尉','中郎将','兵部尚书']
sel = random.choice(nameList)
print('这次出征的是：', sel)
```

又例如，巫师说了一句咒语，我们若想从这句咒语中随机抽取一个字，用随机数语句 random.choice() 同样可以做到。首先我们将咒语存放在一个字符串中，再随机抽取字符串的字符就可以了，代码可以是这样的：

```
import random
words = 'qwed7fgth5'
```

第6关 拯救"呆头"小镇——随机函数

```
sel = random.choice(words)
print(sel)
```

关于随机数语句的知识就讲完了,"呆头"小镇的居民们一下子沸腾起来。他们觉得完全可以通过随机数让自己的生活变得更加多姿多彩,让小镇变得更加五彩斑斓。于是,他们开始改造小镇了。

6.7 改造"呆头"小镇计划1——随机整数的应用

"呆头"小镇的居民们再也受不了所有的房子都有相同的楼层数、受不了所有的花都开相同数量的花朵、受不了每家门前都有相同数目的车位、受不了每个人的幸运数字都是5……他们开始用随机整数改造他们的小镇,代码如下:

```
import random
floors = random.randint(1, 50)          # 楼层数
flowers = random.randint(0, 30)         # 花朵数
cars = random.randint(0, 8)             # 车位数
luckyNum = random.randint(0, 9)         # 幸运数字
...
```

6.8 改造"呆头"小镇计划2——随机小数的应用

"呆头"小镇的居民们不满意每个人的身高是一样的、不满意每天的温度是一样的、不满意每辆汽车的长度是一样的、不满意每个人走路的速度是一样的、不满意每个人说话的音量是一样的……他们开始用随机小数改造这一切,代码如下:

```
import random
height = random.uniform(0.5, 2.5)       # 身高
temperature = random.uniform(15, 30)    # 温度
car = random.uniform(1.5, 4)            # 车长
...
walk = random.uniform(1, 100)           # 走路速度,单位为米/分钟
voice = random.uniform(10, 100)         # 说话音量,单位为分贝
```

6.9 改造"呆头"小镇计划3——随机抽取序列元素的应用

接下来,"呆头"小镇的居民们开始用随机抽取序列元素的方法使小镇更加绚烂多彩。例如,他们让花朵变成五颜六色的,代码如下:

```
import random
colors = ['red', 'yellow', 'blue', 'purple', 'orange', 'pink', 'white']
selColor = random.choice(colors)
print(selColor)
```

为了丰富人们的表情,他们写了下面的代码:

```
face = ['喜', '怒', '哀伤', '笑', '安详', '平静']
self = random.choice(face)
print(self)
```

为了让天气富于变化,他们写了下面的代码:

```
weather = ['晴天', '阴天', '刮风', '下雨', '下雪', '多云']
selw = random.choice(weather)
print('今天天气:', selw)
...
```

生活因为多样才更美好,偶尔的不确定因素或许会让我们的生活更加精彩。派森和鹦鹉帮助"呆头"小镇的居民们改善了以往那种单调、无趣的生活。在这个过程中,他俩也学到了很多知识,对未来的冒险和挑战也更有信心了。

第 7 关

游戏场的秘密——复习

本关要点：
掌握用字符模拟各种形状的方法；
掌握用随机函数模拟编程中概率事件的方法；
掌握控制概率的方法。

这一天，派森和鹦鹉正走在一条很宽的大街上，突然被两个彪形大汉强制拉进了游戏场，并被告知如果不能赢得游戏场的游戏，他俩就要一直在这里擦地板。迫于无奈，派森和鹦鹉开始研究 Python 王国里这些游戏的设计原理。

读故事学编程——Python 王国历险记

7.1 幸运三角形

派森和鹦鹉首先来到了一个叫作"幸运三角形"的游戏前。别人介绍说,这个游戏的规则很简单,说出 1 和 10 之间的一个数字,如果与机器随机生成的数字一致,就会获得一个"幸运三角形",即为获胜,否则就会得到一个正方形。这个游戏的代码如下:

```
import random
myNum = int(input('请输入1和10之间的一个数字'))
num = random.randint(1, 10)
if myNum == num:
    print('*')
    print('*' * 2)
    print('*' * 3)
    print('恭喜您获得一个幸运三角形!')
else:
    print('*' * 3)
    print('*' * 3)
    print('*' * 3)
    print('您获得了一个正方形!')
```

我们来分析一下代码。首先这里用到了随机函数,用 import 语句引入随机函数,然后用 randint(1,10) 获得 1 和 10 之间的一个随机整数,并存储在变量 num 中。通过 input 语句我们手动输入 1 和 10 之间的一个数字,并用 int() 函数转化为数字类型数据,然后存储在变量 myNum 中。接下来用一个我们还没学到的 if...else 语句表示:如果满足 if 与第一个冒号之间的条件,就会执行第一个冒号与 else 之间的语句;否则就会执行 else 后面的语句。我们可以推测出上面的代码连续用 print() 函数输出星号就是在模拟三角形或矩形的形状。

运行代码,得到的结果如下:

```
请输入1和10之间的一个数字1
*
**
***
恭喜您获得一个幸运三角形!
请输入1和10之间的一个数字1
***
***
```

第 7 关 游戏场的秘密——复习

```
***
您获得了一个正方形！
```

7.2 比大小

随后，派森和鹦鹉来到了"比大小"游戏前。这个游戏也比较简单，系统会为派森和游戏场一方各赋值一个随机数，如果派森的数字更大，就会获得投入金钱的双倍奖金。这个游戏的完整代码如下：

```
import random
money = int(input('欢迎参加比大小游戏！胜利将获得双倍奖金！您投多少钱？'))
num1 = random.randint(1, 10)  # 代表派森
num2 = random.randint(1, 10)  # 代表游戏场一方
print('派森的点数为：', num1, '对方的点数为：', num2)
if num1 > num2:
    print('恭喜获胜！奖金为', money * 2)
else:
    print('对方获胜！')
```

我们来分析一下代码。这里同样用到了随机函数，用 randint 语句为两个变量 num1、num2 分别随机赋 1 和 10 之间的整数值。变量 money 用来存储派森投入的金钱数目，而因为用 input 语句获得的数字为字符串类型，所以还需要用 int() 函数将其转化为数字类型。然后通过 if...else 语句进行条件判断，如果派森的数字更大，则可以获得双倍奖金。

运行代码，结果如下：

```
欢迎参加比大小游戏！胜利将获得双倍奖金！您投多少钱？1000元
派森的点数为：  3 对方的点数为：  4
对方获胜！
```

7.3 幸运转盘

派森和鹦鹉来到了"幸运转盘"面前。转盘上有很多数字，转动起来直至停止，这时指针指向的数字如果和参与者猜的数字一致，参与者就能获得百倍奖金。这个游戏的完整代码如下：

```
import random
```

读故事学编程——Python 王国历险记

```
maxNum = 36  # 转盘上的最大数字，值越小，概率越大
yourNum = int(input('转盘上有' + str(maxNum) + '个数字，猜对数字得百倍奖金，您选择哪个？'))
money = int(input('您想投多少钱？'))
num = random.randint(1, maxNum)  # 代表指针指向转盘上的某个数字
if yourNum == num:
    print('恭喜您获得大奖！奖金为', money * 100)
else:
    print('指针指向数字', num, '。', '您没有中奖，祝您下次好运！')
```

我们来分析一下代码，这里同样用到了随机函数。变量 maxNum 用来表示转盘上共有多少个数字。通过两个 input 语句分别获得选择的数字和投入的金钱数目。变量 num 用来存储指针指向的数字，该数字也是通过随机函数生成的。最后通过 if...else 语句判断派森是否猜对了数字，如果他猜对了就会获得百倍奖金，用"money*100"表示。

运行代码，结果如下：

```
转盘上有36个数字，猜对数字得百倍奖金，您选择哪个？15
您想投多少钱？25元
指针指向数字 4 。 您没有中奖，祝您下次好运！
```

7.4　幸运数字

最后，派森和鹦鹉尝试了"幸运数字"。"幸运数字"的玩法比较简单：依次显示3个数字，如果这3个数字相同，则能够获得3倍奖金。"幸运数字"这个游戏的完整代码如下：

```
import random
money = int(input('3个数字相同可获得3倍奖金，您想投多少钱？'))
maxNum = 9  # 游戏显示的最大数字，值越小，3个数字相同的概率就越大
num1 = random.randint(1, maxNum)
num2 = random.randint(1, maxNum)
num3 = random.randint(1, maxNum)
print('最后结果为:',num1, num2, num3)
if num1 == num2 and num2 == num3:
    print('恭喜您获得大奖！奖金为', money * 3)
else:
    print('没有中奖，祝您下次好运！')
```

第7关 游戏场的秘密——复习

我们来分析一下代码，有了上面的几个游戏基础，这里的代码就显得很简单了。用随机函数随机生成 1 和 maxNum 之间的随机整数，分别存储在 num1、num2、num3 这 3 个变量中。通过 if...else 语句进行条件判断，如果 3 个数字相同，则可以获得大奖，奖金为投入金钱数目的 3 倍。

运行代码，结果如下：

```
3个数字相同可获得3倍奖金，您想投多少钱？120元
最后结果为： 6 8 1
没有中奖，祝您下次好运！
```

7.5 发现游戏场的秘密

通过上面的 4 个游戏，派森发现这些游戏似乎都有一些共同的特点：如都要用到随机函数，都要用到 if 条件判断，而且这些游戏真的很难赢，大部分都输了。其实这正是游戏场的秘密——概率。

概率就是发生某一件事的可能性。在 Python 王国里，经常用随机函数来模拟概率。例如，我们用随机函数生成 1 和 10 之间的一个数字，那么生成每个数字的可能性都为 10%，而如果我们要生成 1 和 4 之间的一个数字，那么生成每个数字的概率就变为了 25%。现在你可以再看看之前几个游戏的代码，帮派森想想有没有提高赢的概率的方法。

例如，在"幸运三角形"中，将随机数的范围缩小为 1~3；

例如，在"比大小"中，将派森的随机数范围变为 8~10；

例如，在"幸运转盘"中，将 maxNum 的值变小；

例如，在"幸运数字"中，将 3 个随机数的范围都变为 1~3；

……

派森和鹦鹉发现了这里的秘密之后，通过了很多挑战，因为这些游戏已经难不倒他俩了。于是按照之前的约定，他俩成功地离开了游戏场，这次经历让他们掌握了很多有用的知识。

第 8 关

巫师们的"烟火表演"——变量

本关要点:
掌握变量的定义及使用方法;
了解变量的作用及意义;
掌握变量的命名规则;
掌握变量的多重赋值;
掌握交换变量的方法;
了解变量存储数据的类型。

天色已晚,派森与鹦鹉走进了一片大森林。周围一片漆黑,只有一间小屋里散发出昏黄的灯光,他们上前敲了小屋的门。开门的是一位热情的老人,老人一开门就大声喊道:"欢迎来到巫师的小屋!你们的到来让小屋这个变量变得更加丰富了!"派森和鹦鹉正疑惑——"变量和小屋有什么联系",就被巫师一把拉进屋里。

第 8 关 巫师们的"烟火表演"——变量

8.1 巫师最喜欢的魔法——变量介绍及定义方法

派森第一次见到鹦鹉的时候,就被告知变量是一个"盒子",并且这一路上也时常会用到变量。但他俩不明白巫师为什么说小屋也是变量,还说他们的到来让小屋这个变量变得更加丰富了。巫师似乎猜中了他俩的心思,他说了一句很难懂的话:"在 Python 王国里,几乎一切都可以存储在变量里,我的小屋是一个变量,你们的到来给这个变量重新赋值了。"

巫师接着说,变量是编程世界中最强大的武器之一,也是他最喜欢用的魔法。派森与鹦鹉还是不太明白,于是巫师开始向他俩详细讲解有关变量的知识。创建变量的方法很简单:先为变量起一个名字,然后用符号"="连接变量和要赋的值(变量值)即可。变量名在左边,变量值在右边,如图 8.1 所示。

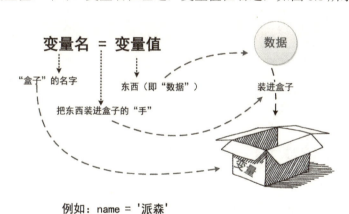

图 8.1 变量赋值示意图

在 Python 王国里,变量的使用不需要声明,但只有被赋值的变量才能被真正创建。如果说变量就像一个"盒子",那么只有在这个"盒子"里放上东西的时候它才能存在,一个"空盒子"是无法存在的。例如,我们可以这样定义并使用变量:

```
>>> name = '派森'
>>> age = 10
>>> print('我的名字叫:', name, '我的年龄为:', age)
我的名字叫: 派森 我的年龄为: 10
```

8.2 巫师"盒子"的妙用——变量的作用及意义

我们一直把变量比喻为"盒子",那么变量最核心的作用也与盒子一致——存储东西。也就是说,使用变量这个"盒子"的方便之处就是使用变量的意义。

8.2.1 盒子便于搬动——变量调用

我们可以把很多零碎的东西放在盒子里,然后抱着盒子四处走动。同样的道理,我们也可以把数据存储在变量里,在需要的时候随时调用。例如,我们把巫师的5类法器分别放在5个盒子里,需要的时候可以随时取出来使用。

```
box1 = '2个水晶球'
box2 = '2个魔法手杖'
box3 = '3本咒语宝典'
box4 = '5张飞毯'
box5 = '1辆南瓜车'
print('今天我要使用的宝贝有:', box2, box5)
```

8.2.2 可以为盒子起名——变量的命名

如果盒子里的东西放置太久或者盒子太多,我们可能就记不清盒子里面放着什么东西了。这个问题在使用变量的时候同样存在,其解决方法就是拿出记号笔在盒子上做个记号或写个说明——也就是为变量合理命名。依然是上面的案例,巫师的5类法器放在以box1,box2,…,box5命名的盒子里很容易被拿错,如果起一个合理的名字就会方便许多。例如,上面的代码可以修改成这样:

```
ball = '2个水晶球'
stick = '2个魔法手杖'
book = '3本咒语宝典'
fly = '5张飞毯'
coach = '1辆南瓜车'
print('今天我要使用的宝贝有:', stick, fly)
```

第 8 关　巫师们的"烟火表演"——变量

8.2.3　可以随时更换盒子的内容——变量的重新赋值

盒子既然是容器，肯定可以放不同的东西，而且我们可以随时增减盒子里的东西。在变量的使用过程中，我们同样可以随时改变变量的赋值，也就是对变量进行重新赋值。还是上面的案例，巫师有 5 类法器，但是他用一个水晶球与其他巫师换了一个魔法手杖和一张飞毯，这时代码可以修改成这样：

```
ball = '1个水晶球'        # 数量减少1个
stick = '3个魔法手杖'      # 数量增加1个
book = '3本咒语宝典'
fly = '6张飞毯'           # 数量增加1张
coach = '1辆南瓜车'
print('今天我要使用的宝贝有:', stick, fly)
```

8.2.4　便于分类——同时使用多个变量

使用盒子或变量的另一个好处就是便于分类，这在使用多个盒子或变量的时候尤为重要。在上面的案例中，如果我们把巫师的 5 类法器都放在一个盒子里，用的时候肯定很难快速找出要用的宝贝。如果我们按照体积大小对 5 类法器再次分类的话，代码可以修改成这样：

```
small_ball = '1个水晶球'
small_stick = '3个魔法手杖'
small_book = '3本咒语宝典'
big_fly = '6张飞毯'
big_coach = '1辆南瓜车'
print('今天我要使用的宝贝有:', small_stick, big_fly)
```

8.3　盒子命名的规矩——变量的命名规则

如果我们经常使用变量，就会发现为变量起一个合理名字的重要性。一个好的名字能够让我们快速了解它所代表的意义。例如下面这两个变量：

```
name = '派森'
aa = 160
```

我们很容易明白第一个变量代表名字，却无法明白第二个变量代表什么。这就是一个好的名字与一个不好的名字的差别。

在变量命名方面,除了要考虑名字字面的意思,还应注意变量的命名规则:变量名可以是下画线、数字、字母的任意组合,数字不能开头。常用的变量命名法有"驼峰命名法"与"下画线命名法"。

驼峰命名法是指组成变量名字的所有单词除了第一个,其他单词的首字母都应大写。单词构成就像一个个"驼峰",故而得名,如图 8.2 所示。

图 8.2　驼峰命名法示意图

例如:

```
myName = '派森'
hisAge = '12'
```

下画线命名法是指用下画线连接构成变量名字的单词,例如:

```
my_name = '派森'
his_age = '12'
```

8.4　巫师也爱偷懒——变量的多重赋值

虽然巫师在运用变量的时候经常偷懒,但是这样能够提高编程的效率,因此我们也可以进行变量的多重赋值。这主要分为两种情况:一种情况是对几个变量分别赋予不同的值;另一种情况是对几个变量都赋予相同的值。当几个变量赋值不同时,编写程序的规则如图 8.3 所示。

第 8 关 巫师们的"烟火表演"——变量

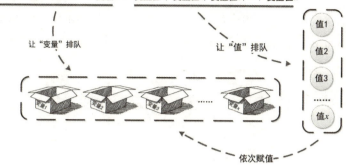

图 8.3 多重赋值示意图

```
>>> num1, num2, num3 = 89, 200, 100
>>> print(num1, num2, num3)
89 200 100
```

上面这些代码也可以写成下面的样子：

```
num1 = 89
num2 = 200
num3 = 100
print(num1, num2, num3)
```

当给几个变量赋予相同的值时，我们可以像下面这样编写代码：

```
Num1 = Num2 = Num3 = 10
```

上面这一行代码也可以写成以下两种形式：

```
# 第一种形式
Num1, Num2, Num3 = 10, 10, 10
# 第二种形式
Num1 = 10
Num2 = 10
Num3 = 10
```

8.5 巫师玩杂耍——交换变量

在 Python 编程语言中，关于变量还有一个其他编程语言没有的技能——交换变量。例如，左手拿着一个苹果，右手拿着一个梨，左右手怎样互换所拿的水果呢？大多数编程语言需要一张桌子（也就是"中间变量"），左手把苹果放在桌子上，右手把梨放在左手上，然后右手从桌子上拿起苹果。而 Python 语言则不需要这张桌子，直接将变量抛向空中互换即可，就像小丑玩杂耍一样，如图 8.4 所示。

变量1, 变量2 = 变量2, 变量1
说明：这个方法也适用于更多个变量变换。

图 8.4 交换变量示意图

上面左手、右手互换水果案例的代码可以写成下面的样子：

```
>>> leftHand, rightHand = '苹果', '梨'
>>> leftHand, rightHand = rightHand, leftHand
>>> print(leftHand, rightHand)
梨 苹果
```

其实，交换变量不限于两个变量，多个变量也可以通过上面的方法实现交换，就像小丑玩杂耍的时候能够抛多个球一样。例如：

```
>>> num1, num2, num3, num4, num5 = 11, 22, 33, 44, 55
>>> num1, num2, num3, num4, num5 = num5, num4, num2, num3, num1
>>> print(num1, num2, num3, num4, num5)
55 44 22 33 11
```

8.6 万能的魔法——变量存储数据的类型

在派森和鹦鹉刚遇到巫师的时候，巫师就告诉他俩：在 Python 王国里，几乎一切都可以存储在变量里。这句话一点也不夸张。Python 语言的 6 种基本数据类型都可以存储在变量里，包括数字数据、字符串、元组、列表、字典、集合。

第 8 关 巫师们的"烟火表演"——变量

除此之外,面向对象编程中的对象也可以存储在变量里,甚至某些操作语句也可以存储在变量里,因此可以说变量在存储数据方面几乎是"万能"的。由此可知,巫师的小屋也是一个变量,派森他俩走进去就成了变量赋值的一部分。

说明: Python 语言中的各种数据类型及面向对象编程的内容,将在后面依次学习。

8.7 变量应用案例 1——解开封印

巫师说,变量的基本知识都讲完了,下面将告诉派森和鹦鹉一个秘密。这个地方一共有 5 个巫师,一会儿他们就要一起用咒语解开一个宝箱的封印。但是咒语很奇怪,5 个巫师每人只知道其中的一部分,最后将所有咒语合并在一起才能发挥威力。打开宝箱的程序可以写成下面这样:

```
key1 = input('第1个巫师的咒语:')
key2 = input('第2个巫师的咒语:')
key3 = input('第3个巫师的咒语:')
key4 = input('第4个巫师的咒语:')
key5 = input('第5个巫师的咒语:')
key = key1 + key2 + key3 + key4 + key5
print('打开封印的咒语是:', key)
```

在上面的代码中,用 input 语句获得第一位巫师的咒语并存储在变量"key1"里,用同样的方法获得其他 4 位巫师的咒语,最后 5 部分咒语合并在一起赋值给变量 key。最终巫师们用咒语打开了宝箱,原来里面是满满一大箱"烟火表演"的材料。代码运行界面如图 8.5 所示。

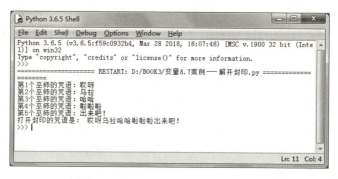

图 8.5 解开封印案例运行结果界面

8.8 变量应用案例2——巫师们的考验

巫师们对派森和鹦鹉说，只有头脑聪明者才能观看他们的"烟火表演"，他们要考验一下派森和鹦鹉。考验的内容是，每个巫师说一串数字，最后看派森和鹦鹉能否记住。派森和鹦鹉已经学会了运用变量，所以这个考题对他俩来说太简单了。最后的代码如下：

```
num1 = 122345345432
num2 = 2876456234698
num3 = 3234123873564
num4 = 41233296890003
num5 = 5765439876543345678
print('从第5串数字到第1串数字依次是：', num5, num4, num3, num2, num1)
```

派森和鹦鹉利用变量轻松记住了5个巫师说出的长串数字并"倒背如流"，巫师们同意了他俩观看"烟火表演"。最后的运行结果界面如图8.6所示。

图8.6　巫师们的考验案例运行结果界面

8.9 变量应用案例3——巫师们的"烟火表演"

终于到"烟火表演"的时刻了，巫师们把4种烟火的形状赋值给了4个变量shape1~shape4，把4种烟火的颜色赋值给了4个变量color1~color4。同时，巫师们将设计的烟火组合存储在变量fireworks1、fireworks2中，最后通过print语句将烟火的效果呈现出来。最终的代码如下，运行结果界面如图8.7所示。

```
# 变量shape1~shape4代表烟火形状，color1~color4代表烟火颜色
```

第8关 巫师们的"烟火表演"——变量

```
shape1 = '圆圈形状的烟火'
shape2 = '满天星形状的烟火'
shape3 = '螺旋形状的烟火'
shape4 = '瀑布形状的烟火'
color1 = '红色'
color2 = '黄色'
color3 = '蓝色'
color4 = '紫色'
# fireworks1、fireworks2代表烟火的顺序
fireworks1 = color1, shape3, color4, shape2, color3, shape1, color2, shape4
fireworks2 = color1, shape1, shape3, color2, shape2, shape4, color3, shape1, color4, shape4
print('第1拨烟火:', fireworks1)
print('第2拨烟火:', fireworks2)
```

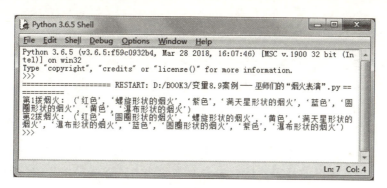

图8.7 巫师们"烟火表演"案例运行结果界面

思考: 你能再设计几拨烟火表演吗?

派森、鹦鹉和巫师们度过了一个五彩缤纷的"烟火之夜"。天刚刚亮,派森和鹦鹉就踏上了新的冒险征程。派森边走边想:在我们现实的生活、现实的世界中,其实我们的名字、商品的品牌、城市的名称、遥远星球的编码……这一切都可以理解为"变量",变量一直在我们身边。

第 9 关

7眼3嘴的拦路怪兽——算术运算与比较运算

本关要点：
掌握算术运算符、比较运算符；
掌握各种运算符的优先级。

这一天，派森和鹦鹉进入了一片山谷，突然从路边的草丛里跳出来一只长着7只眼睛、3张嘴巴的怪兽。怪兽说他喜欢聪明人，尤其是擅长数学的聪明人。每当巡山途中遇到人类，它总会问几个问题，如果那个人不能解答，它就会吃掉那个人。它说自己已经记不清遇到过多少个人了，但没有一个人能回答出所有的问题，因此所有人都被它吃了。

第9关　7眼3嘴的拦路怪兽——算术运算与比较运算

9.1　怪兽的样子有道理——两种运算符

派森被怪兽的样子吓坏了，鹦鹉小声告诉派森：仔细观察怪兽的样子，好像能发现什么。派森看到怪兽的7只眼睛里各有一个符号，分别是"+、-、*、/、**、//、%"。这些符号与数学课上讲过的运算符号很像，鹦鹉告诉他这些就是"算术运算符"，基本上与数学课上讲过的运算符号没有差别。派森看到怪兽的3张嘴巴里也各有一个符号，分别是">、<、=="，他胸有成竹地说，这是比大小的符号。鹦鹉点点头说，这就是"比较运算符"。

鹦鹉说，在Python王国里，很多程序都离不开"算术运算"与"比较运算"。这与派森在数学课上学到的内容差不多，但重点是应学会用这些知识去解决实际的问题。下面让我们先看看怪兽的眼睛和嘴巴代表的含义吧。鹦鹉说，只要掌握了"算术运算"与"比较运算"的秘诀，就一定能够打败怪兽。

9.2　怪兽的7只眼睛——算术运算符

怪兽有7只眼睛，每只眼睛里各有一个算术运算符，分别代表加、减、乘、除、乘方、整除、取模（求余）这7种运算。这一部分的内容与数学课上讲过的内容比较相似，我们学起来会相对轻松，但需要注意的是，Python编程语言中的算术运算符与数学课上讲过的运算符号有一定的区别，如表9.1所示。

表9.1　算术运算符汇总表

类　　型	说　　明	举　　例
+	加法运算	1+2=3
-	减法运算	5-2=3
*	乘法运算	3*3=9
/	除法运算	9/2=4.5
**	乘方运算	4**3=4*4*4=64
//	整除运算（取结果值的整数部分）	13//2=6
%	取模运算（求余运算）	13%2=1

55

9.3 怪兽的3张嘴巴——比较运算符

怪兽的3张嘴巴代表3种比较关系，分别为大于、小于和等于。但在Python编程的运算中，存在两种比较运算合并的现象：大于或等于用符号">="表示；小于或等于用符号"<="表示；不等于（也就是大于或小于）用符号"!="表示。因此，虽然怪兽只有3张嘴巴，但是能说出6种运算，因为有时候它的两张嘴巴可以同时说话。比较运算符汇总表如表9.2所示。

表9.2 比较运算符汇总表

类 型	说 明	举 例
==	等于	10==10
!=	不等于	2!=4
>	大于	8>3
<	小于	5<9
>=	大于或等于	9>=9；10>=9
<=	小于或等于	5<=5；3<=5

注意： 代表"相等关系"的运算符是两个等号（==），而不是一个等号（=）。

含有比较运算符的表达式只有两种结果：True、False。当比较运算符两侧的表达式满足当前比较运算符的时候，结果为True，否则为False。这种本质为True或False的表达式在本书后面要讲的"控制"部分中必不可少，特别是在条件判断和循环控制中它们尤为重要。

9.4 眨眼、张嘴有顺序——各种运算符的优先级

上面的各种算术运算符和比较运算符如出现在一个表达式中时，运算是有一定的顺序的，也就是"各种运算符的优先级"。优先级从高到低如表9.3所示，表中位于同一行的运算符优先级相同。

表9.3 运算符优先级汇总表

类 型	说 明	优 先 级
**	乘方运算	1

第 9 关　7 眼 3 嘴的拦路怪兽——算术运算与比较运算

续表

类　型	说　明	优　先　级
*、/、%、//	乘法运算、除法运算、取模运算和整除运算	2
+、-	加法运算和减法运算	3
==、!=、>、>=、<、<=	比较运算	4

如下面的代码，两行代码的运算符顺序不一样，但结果一样。运算顺序都是先进行乘方运算，再进行乘法运算、除法运算、取模运算、整除运算，最后进行加法运算、减法运算。如果有比较运算，则应放在最后进行。

```
>>> 1 + 5 ** 2 * 10 / 2 // 25 % 2
2.0
>>> 10 / 2 * 5 ** 2 // 25 % 2 + 1
2.0
```

根据需要，我们还可以用括号改变运算符优先级的限制，优先计算括号中的内容。如下面的代码，应首先计算括号中的内容，再按表 9.3 中的运算符优先级进行计算。

```
>>> 10 / (2 * 5) ** (2 // 25 % 2 + 1)
1.0
```

9.5　怪兽离不开巫师的帮助——变量在运算中的应用

在本书第 8 关中，我们认识了巫师的"法宝"——变量。在算术运算与比较运算中，如果能合理地运用变量，就能够达到事半功倍的效果。例如，一只怪兽每天眨眼 521 次，那么计算 5 天、1 个月（30 天）、1 年（365 天）它各眨眼多少次。如果不用变量，我们的计算过程是这样的：

```
>>> 521 * 5
2605
>>> 521 * 30
15630
>>> 521 * 365
190165
```

这样我们每次都需要输入数字，既麻烦又容易出错。如果我们用变量，就会变得非常方便。即使改变怪兽每天眨眼的次数，也只需要改变一次变量的赋值，代码如下：

```
days = input('请输入天数:')
days = int(days)
times = 521 # 怪兽每天眨眼的次数
print(times * days)
```

9.6 具有"超能力"的运算符——处理字符或字符串

在算术运算符中有两个运算符具有"超能力",它们不但能对数字进行运算,也能对字符或字符串进行操作。这两个运算符就是"+"与"*"。"+"能将两个或多个字符串合并为一个字符串;"*"可以连接字符串与数字,能够让字符串重复相应的次数,合并为一个字符串。例如,下面的代码就是用这两个运算符对字符串执行了合并和重复的操作。

```
>>> 'Abc' + 'Def'
'AbcDef'
>>> 'Abc' * 3
'AbcAbcAbc'
```

同样,在比较运算符中也有一个具有"超能力"的运算符"=="。这个运算符能够判断两个字符或字符串是否相同,这项功能在Python编程中也经常用到。

```
>>> 'ABC' == 'ABC'
True
>>> 'ABC' == 'abc'
False
```

假如怪兽要听3遍你的名字才能记住,代码可以这样写:

```
name = input('请输入你的名字:')
if name * 3 == '派森派森派森':
    mytxt = '欢迎你' + name
    print(mytxt)
```

9.7 怪兽的第一拨问题——加、减、乘、除运算

怪兽开始提问题了:它周一至周五每天能巡逻5座山,周六和周日要睡懒觉,每天只能巡逻3座山,问它一周共巡逻多少座山?派森轻松地说出了下面的算式:

```
>>> 5 * 5 + 3 * 2
31
```

第9关　7眼3嘴的拦路怪兽——算术运算与比较运算

鹦鹉补充道，如果加入变量就会更加完美。于是上面的代码变成了下面的样子：

```
numWeekday = 5                            # 工作日每天巡逻几座山
numWeekend = 3                            # 周末每天巡逻几座山
numTotle = 5 * numWeekday + 2 * numWeekend # 巡逻山的总数
print(numTotle)
```

怪兽接着问，每个月要休息 1 天，1 个月（30 天）它最多巡逻多少座山？最少巡逻多少座山？

30 天一定包含 4 个整周，另外两天有 3 种情况：两天都是非周末；一天周末一天非周末；两天都是周末。我们求最多和最少两个值，需要计算两个极端。结合上面每周巡逻 31 座山的结果，算式如下：

```
>>> 31 * 4 + 3 * 2 - 5    # 两天都是周末
125
>>> 31 * 4 + 5 * 2 - 3    # 两天都是非周末
131
```

因此，如果怪兽 1 个月遇到 10 天周末，又是在非周末休息，此时巡逻的山数量最少，为 125 座；如果 1 个月遇到 8 天周末，又在周末休息 1 天，此时巡逻的山数量最多，为 131 座。最后结果为怪兽 1 个月能巡逻 125～131 座山。

怪兽接着问，如果平均每 5 座山能够抓住 1 只猎物，怪兽 1 个月最多能抓住多少猎物？这个比较简单，派森只用了一个除法运算就得出结果为 26.2，也就是最多能抓住 27 只猎物，算式如下：

```
>>> 131 / 5
26.2
```

听完上面的结果，怪兽带有"加、减、乘、除"的 4 只眼睛立刻变成了 4 个银苹果。原来回答出怪兽的问题就可以打败怪兽，派森和鹦鹉更加有信心了。

9.8　怪兽的乘方问题

怪兽说它有一颗神奇的种子，种下之后第一天会长出 7 棵小树，第二天每棵小树又会变成 7 棵小树，之后每天每棵小树都会变成 7 棵小树，1 周之后一共会长出多少棵小树？鹦鹉说，这不过是乘方运算。派森则毫不犹豫地说出了下面的算式：

```
>>> 7 ** 7
823543
```

读故事学编程——Python 王国历险记

接下来怪兽的问题更难了。如果有一条大虫子每天能吃掉一棵树，同时变为10 条虫子，第二天每条虫子又能吃掉一棵树并变为 10 条虫子，并且虫子在种下种子 10 天后开始吃，那么多少天能吃光所有的树？派森分析，只要虫子吃的树数量大于或等于树总数就可以满足要求，但是该怎样做呢？鹦鹉说这里要用一下 while 语句（该语句在本书后面的内容中会讲到），我们只需要知道当 while 与冒号之间的表达式结果为 True 时就可以执行其下面的程序即可。最后，鹦鹉说出了下面的代码：

```
n = 1
while True:
    if 7 ** n <= 10 ** (n - 10):
        print(n)
        break
    n += 1
```

运行上面的代码之后，怪兽代表乘方的那只眼睛也变成了一个银苹果。

9.9　怪兽的整除问题

怪兽继续提问题，每过 13 个月它就会长出 1 条尾巴，现在它有 110 条尾巴，那么它现在几周岁了？它活到 200 岁的时候会有几条尾巴？

为了解答第一个问题，派森说出了下面的代码：

```
>>> 13 * 110 / 12
119.16666666666667
>>> 13 * 110 // 12
119
```

因此，怪兽现在已经 119 周岁了。为了解答第二个问题，鹦鹉说出了以下代码：

```
>>> 200 * 12 / 13
184.6153846153846
>>> 200 * 12 // 13
184
```

怪兽活到 200 岁的时候会有 184 条尾巴。运行程序之后，怪兽代表整除的那只眼睛也变成了一个银苹果。

第9关　7眼3嘴的拦路怪兽——算术运算与比较运算

9.10　怪兽的取模运算

怪兽一共有7个洞穴，分别编号为1~7，它每天更换一次居住的洞穴。假如它第一天住在第一个洞穴中，那么一年（365天）之后它住在第几个洞穴中？

```
>>> 365 % 7
1
```

最后的结果显示，一年（365天）之后它还是住在第一个洞穴中。怪兽的最后一只眼睛也变成了一个银苹果。

说明：取模运算一般用于"隐形循环"中。由于被除数整除的结果为0，所以最终结果不会比除数大，因此最终结果是从0到"除数-1"中的某个值。例如，上面案例中如果被除数是一个顺序变化的值，运行的结果就是"1、2、3、4、5、6、0"循环中的某个值。

9.11　怪兽嘴巴的编号——比较运算

现在怪兽只有3张嘴巴能动了。怪兽接着问，它每天要吃15个苹果，一年（365天）能否吃掉5000个苹果？派森抢答，写出了下面的算式：

```
>>> 15 * 365 >= 5000
True
```

结果为True，所以怪兽一年一定能吃掉5000个苹果。如果同上面的情况类似（本书9.8节怪兽的乘方问题），虫子比种下种子晚5天开始啃树，50天后还有没有树？有的话树的数量是多少？先假设有树，列表达式如下：

```
>>> 7 ** 50 < 10 ** (50 - 5)
```

输出结果为True，假设成立，50天后还有树。我们接着输入下面的算式，看看还剩下多少棵树。最后的结果显示树剩余量惊人，算式如下：

```
>>> 10 ** (50 - 5) - 7 ** 50
998201534957352587853379719659430350650748751
```

与此同时，怪兽的3张嘴巴变成了3个金苹果，接着这个怪兽变成了一棵苹果树。战胜了怪兽，派森和鹦鹉高高兴兴地通过了这一片险要的山谷。

61

第 *10* 关

危险的"外交家"——字符串

本关要点：
了解字符串的核心作用；
掌握字符串的各种标识方法；
掌握转换字符串的方法——str() 函数；
初步了解序列及通过索引调用元素的方法；
掌握转义字符的使用规则；
掌握获取字符串相关帮助的方法；
掌握常用的字符串函数。

在路过一片沼泽时，鹦鹉突然紧张起来，它告诉派森，这里是"外交家"的地盘，非常危险，一定要小心。派森好奇地问，"外交家"是谁。鹦鹉告诉他，"外交家"曾经是自己的老师——字符串，它很强大，有很多功能，但是喜欢用非常危险的游戏考验人。为了顺利通过这片危险的沼泽，鹦鹉决定把字符串的知识多教派森一些，以防万一。

第10关 危险的"外交家"——字符串

10.1 "外交家"的使命——字符串的核心作用

在之前的冒险旅程中,我们已经接触了一些字符串。例如,鹦鹉擅长的 print 语句就包含了字符串的内容,这也是鹦鹉说字符串是自己老师的原因。但是字符串的作用远远不止这些,下面我们会见识到字符串更多、更强大的功能。

在 Python 王国里,字符串被称为外交家。"外交"的双方指人类与计算机。也就是说,字符串最核心的作用就是在"人类的自然语言"与"计算机的编程语言"之间搭起桥梁。计算机虽然有自己的编程语言,但是为了更友好地向人类反馈信息、接受人类的指令与干预,则少不了字符串的协助。例如,我们可以通过 print 语句输出不同语言的字符串来表示"我爱编程"这句话,代码如下:

```
# "我爱编程"的不同语言版本
print('I love programming.')           # 英语
print('私はプログラミングが好きです。')    # 日语
print('나는 프로그래밍을 좋아한 다')      # 韩语
print('☆卧愹編徎☆')                    # 火星文
```

运行结果如下:

```
I love programming.
私はプログラミングが好きです。
나는 프로그래밍을 좋아한 다
☆卧愹編徎☆
```

10.2 "外交家"的排场——字符串的标识方法

在 Python 王国里,"外交家"就是通过不停地说话来完成任务的,因此他的语法与我们写作文时表示说话的格式很像,也是用引号表示。只要把要说的话放在一对引号中间就变成字符串了,一般存在 3 种情况:单引号、双引号、三引号。单引号和双引号都可以用来表示单行字符串,效果一样;三引号则用来表示多行字符串。字符串的标识方法示意图如图 10.1 所示。

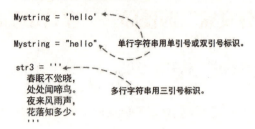

图 10.1 字符串的标识方法示意图

例如,我们可以像下面这样标识字符串:

```
str1 = '单引号可以标识单行字符串'
str2 = "双引号也可以标识单行字符串"
str3 = '''三引号可以标识多行字符串,如我们背一首唐诗:
春眠不觉晓,
处处闻啼鸟。
夜来风雨声,
花落知多少。'''
print(str1)
print(str2)
print(str3)
```

上面字符串的标识方法运行结果界面如图 10.2 所示。

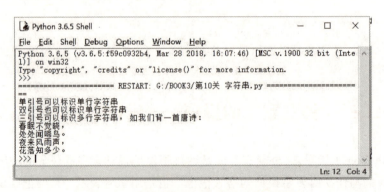

图 10.2 字符串的标识方法运行结果界面

想一想:单引号与双引号在表示字符串的时候作用一样,为什么更多的人喜欢用单引号?如果是你,你会选择用哪个?

第 10 关　危险的"外交家"——字符串

10.3　转换字符串的"捷径"——str() 函数

我们在前面已经学会了用 type 语句来检验数据类型，也学会了用 int() 函数与 float() 函数把一些非数字数据类型转换为数字数据类型。现在我们再学习一个类似的功能——通过 str 语句快速地把非字符串数据类型转化为字符串数据类型。也就是说，对于外形是数字的数据，可以通过 int() 函数与 str() 函数使其在数字类型与字符串类型之间相互转换。

```
something1 = 123
type1 = type(something1)
print(type1, something1 * 10)
something2 = str(something1)  # 转换为字符串类型
type2 = type(something2)
print(type2, something2 * 10)
```

运行结果如下：

```
<class 'int'> 1230
<class 'str'> 123123123123123123123123123123
```

在上面的程序中，前 3 行代码为第一部分，变量 something1 被赋值 123，通过 type 语句检测其为 int 类型（即整数类型），因此 something1 乘以 10 的结果为 1230。后 3 行代码为第二部分，通过 str() 函数将 something1 转换为字符串类型并赋值给 something2，因为通过 type 语句检测其为 str 类型（即字符串类型），所以当其乘以 10 的时候就是字符串 123 重复 10 次，即 123123123123123123123123123123。

10.4　标号的"盒子串"——初识序列

现在我们开始学习一个比较高级的概念——序列。所谓序列，就是一串按照编号排队的"盒子"。编号代表了这些"盒子"的位置，因此我们可以通过编号轻松找到某一个"盒子"。在前面我们学习了单个的"盒子"——变量，这里的"序列"可以理解为"一串盒子"。我们可以为这"一串盒子"起一个总的名字，需要的时候通过索引（也就是编号）就能够找到想要的那个"盒子"，如图 10.3 所示。

读故事学编程——Python 王国历险记

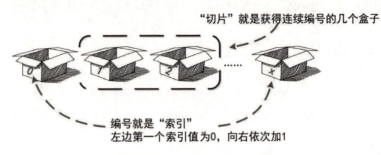

图 10.3 序列示意图

序列包括字符串及后面会讲的元组、列表。它们的很多操作是一样的,因此学习了字符串以后再去学习元组及列表就会容易得多。例如,"索引"和"切片"就是所有序列都具有的功能。

索引就是排成队的各个"盒子"的编号,但需要注意的是左边第一个"盒子"的索引值为0,向右依次加1。字符串类型的数据就是把每个字符放在一个"盒子"里,所以第一个字符的索引值就是0。调用某个字符的方法也很简单,在字符串名字后面加上一对方括号,然后把索引值放在方括号中就可以了,如图10.4所示。

图 10.4 字符串索引示意图

例如,我们要提取字符串"hello"的第1、3、5个字符,代码可以写成下面这样:

```
mystr = 'hello'
print(mystr[0], mystr[2], mystr[4])
```

运行结果如下:

```
h l o
```

第 10 关 危险的"外交家"——字符串

如果我们想一次调用字符串中的多个字符,相当于同时打开队伍中的多个"盒子",这时就需要用到"切片"功能,也就是把"一小片"从整体字符串中"切"下来。切片方法与索引类似:在字符串名字后面加上一对方括号,方括号中用冒号将两个数值间隔开,其中第一个数值为起始字符的索引值,第二个数值为结束字符的索引值加 1。假如一个字符串名字为 mystr,那么 mystr[m:n] 将获得索引值为 m 至 $n-1$ 的一段字符串,如图 10.5 所示。

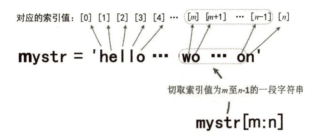

图 10.5 字符串切片示意图

如果我们想获取字符串"hello"除了开头、结尾两个字符的字符串,代码可以写成这样:

```
mystr = 'hello'
print(mystr[1:4])
```

运行结果如下:

```
ell
```

10.5 转义字符

当我们使用字符串的时候,会出现一些问题,如要输出字符串"I'm a robot.",如果我们直接用 print('I'm a robot.') 则会出现错误,因为单引号是成对出现的,解决方法是可以将最外面的单引号变为双引号——print("I'm a robot.")。除此之外,还有另一种更加简单的实现方式,这就是用"转义字符",即将一个"\"添加到单引号前面——print('I\'m a robot.')。同样,"\"也适用于其他符号的输出,如反斜杠符号、双引号、换行符、横向制表符、续行符等。常见的转义字符如表 10.1 所示。

表 10.1　常见的转义字符

转 义 字 符	说　　明
\\	反斜杠符号
\'	单引号
\"	双引号
\n	换行符
\t	横向制表符
\（在行尾时）	续行符

注意：\t 用加空格来对齐，前面字符与 8 相除，整除则空 8 个空格，否则其余数为空格数。

例如，下面 3 行代码分别用了转义字符，即在字符串中添加了反斜杠符号、单引号、双引号。代码如下：

```
print("\\前面需要添加字符转义串—\\.")
print("单个\'前面需要添加字符转义串—\\.")
print("单个\"前面需要添加字符转义串—\\.")
```

运行结果如下：

```
\前面需要添加字符转义串—\.
单个'前面需要添加字符转义串—\.
单个"前面需要添加字符转义串—\.
```

如果我们想让输出文本换行，只需要用换行转义字符"\n"就可以了，如下面的代码：

```
print('我爱编程，我在学"转义字符串"')
print('我爱编程，\n我在学"转义字符串"')
```

运行结果如下：

```
我爱编程，我在学"转义字符串"
我爱编程，
我在学"转义字符串"
```

在字符串中加入转义字符"\t"，则表示插入横向制表符，也就是 8 个空格，如下面的代码：

```
print('我爱编程，\t我在学"转义字符串"')
```

第10关 危险的"外交家"——字符串

运行结果如下：

| 我爱编程，　　我在学"转义字符串" |

如果一行程序太长，我们可以在行尾加一个反斜杠，然后在下一行继续写前面的程序，如下面的代码：

```
print('如果程序太长，想转到下一行，\
需要在行尾加上\\')
```

运行结果如下：

| 如果程序太长，想转到下一行，需要在行尾加上\ |

10.6 处理字符串的"工具箱"——字符串函数

在 Python 王国里，我们为字符串配备了一系列处理函数，即字符串函数，也就是完成某项任务的方法。这些方法已经被提前设置好了，用的时候只需要简单的语句就能调用。这些处理函数包括测试函数、搜索函数、改变大小写函数、设置格式函数、删除函数、拆分函数、替换函数、其他函数等几个类型。

其实我们并不需要记住每一个函数语句，只需要知道这些函数具有哪些功能，以及如何获取关于函数用法的帮助就可以了。

若要获取关于字符串函数相关用法的帮助，只需要下面的语句：

```
help('')
```

运行程序，就会得到关于字符串的所有函数的用法及说明。

10.6.1 测试函数

测试函数主要用于测试某个字符串是否具备某些特点（如以什么字母开头或结尾）、是否只包含字母或只包含数字、是否只包含大写字母或只包含小写字母、某个字符串是否包含在其他字符串里等。常用的测试函数如表 10.2 所示。

表 10.2 常用的测试函数

函　数　名	功　能　描　述
str.endswith(t)	str 以 t 结尾

续表

函 数 名	功 能 描 述
str.startswith(t)	str 以 t 开头
str.isalnum()	str 只包含字母、数字
str.isalpha()	str 只包含字母
str.isdecimal()	str 只包含十进制数字
str.isdigit()	str 只包含数字
str.isidentifier()	str 是合法的标识符
str.islower()	str 只包含小写字母
str.isupper()	str 只包含大写字母
str.isnumeric()	str 只包含数字字符（包括汉字数字）
str.isprintable()	str 只包含可打印的字符
str.isspace()	str 只包含空白字符
str.istitle()	str 中的大小写字母符合标题要求
t in str	str 包含 t

例如下面的案例：

```
mystr1 = 'Hello.My name is Python.'
print(mystr1.endswith('.'))        # 判定是否以.结尾
print(mystr1.startswith('H'))      # 判定是否以'H'开头
print(mystr1.isalpha())            # 判定是否只包含字母
print(mystr1.islower())            # 判定是否只包含小写字母
```

运行结果如下：

```
True
True
False
False
```

我们也可以用 in 函数来测试两个字符串的包含关系，如下面的代码：

```
print(str1 in str2)
print(str2 in str1)
```

运行结果如下：

```
True
False
```

第 10 关 危险的"外交家"——字符串

10.6.2 搜索函数

我们可以运用字符串搜索函数检测字符串中是否含有某一个字符或子字符串，常用的搜索函数共有 4 个，如表 10.3 所示。

表 10.3 常用的搜索函数

函 数 名	功 能 描 述
str.find(t)	返回 t 在 str 中的起始位置，如果无 t，则返回 -1
str.rfind(t)	同 find() 函数，但应从右向左搜索
str.index(t)	同 find() 函数，但是如无 t，返回值异常
str.rindex(t)	同 index() 函数，但应从右向左搜索

例如，下面的字符串通过 find() 函数能够从左向右搜索子字符串，并返回所包含的第一个子字符串的起始索引值。如果想从右向左搜索，则需要使用 rfind() 函数，返回右起第一个子字符串的起始索引值。如果没有搜索到相关信息，两个函数都会返回 -1。

```
mystr = '编程就是与计算机交朋友,编程就是与计算机聊天'
print(mystr.find('计算机'))
print(mystr.rfind('计算机'))
print(mystr.find('Python'))
```

运行结果如下：

```
5
17
-1
```

同样的道理，我们可以把上面的程序用下面的代码实现：

```
print(mystr.index('计算机'))
print(mystr.rindex('计算机'))
print(mystr.index('Python'))
```

运行结果如下：

```
5
17
Traceback (most recent call last):
  File "G:\BOOK3\第10关 字符串.py", line 67, in <module>
```

71

读故事学编程——Python 王国历险记

```
print(mystr.index('Python'))
ValueError: substring not found
```

10.6.3　改变大小写函数

通过字符串改变大小写函数可以实现首字母变为大写、所有字母变为大写或小写、所有字母大小写转换、字符串变为标题格式等功能，如表 10.4 所示。

表 10.4　常用的改变大小写函数

函 数 名	功 能 描 述
str.capitalize()	将 str [0] 变为大写，其他字母变为小写
str.lower()	将 str 中的所有字母变为小写
str.upper()	将 str 中的所有字母变为大写
str.swapcase()	将 str 中的所有字母大小写转换
str.title()	使 str 中的字母大小写符合标题的要求

例如下面的案例代码：

```
mystr = 'hello, Word!hello, python.'
print(mystr.capitalize())
print(mystr.lower())
print(mystr.upper())
print(mystr.swapcase())
print(mystr.title())
```

运行结果如下：

```
Hello, word!hello, python.
hello, word!hello, python.
HELLO, WORD!HELLO, PYTHON.
HELLO, wORD!HELLO, PYTHON.
Hello, Word!Hello, Python.
```

10.6.4　设置格式函数

我们可以利用字符串设置格式函数将某个字符串的长度调整为 n，并在其两侧或某一侧添加固定的字符，但需要注意这里只能以单个字符为单位进行重复。常用的设置格式函数如表 10.5 所示。

第 10 关 危险的"外交家"——字符串

表 10.5 常用的设置格式函数

函 数 名	功 能 描 述
str.center(n,char)	包含 n 个字符，str 位于中央，两侧用字符 char 填充
str.ljust(n,char)	同 center() 函数，str 位于左侧，右侧用字符 char 填充
str.rjust(n,char)	同 center() 函数，str 位于右侧，左侧用字符 char 填充

注意：上表中 char 的位置只能填充"单个字符"。

通过下面的案例我们来检验一下这些函数的功能：

```
mystr = 'hello'
print(mystr.center(11, '*'))
print(mystr.ljust(11, '0'))
print(mystr.rjust(11, 'A'))
```

运行结果如下：

```
***hello***
hello000000
AAAAAAhello
```

10.6.5 删除函数

我们可以利用字符串删除函数从字符串的两侧或某一侧删除相应的字符。常用的删除函数如表 10.6 所示。

表 10.6 常用的删除函数

函 数 名	功 能 描 述
str.strip(str1)	从 str 中删除 str1 中包含的字符
str.lstrip(str1)	从 str 的开头（左侧）删除 str1 中包含的字符
str.rstrip(str1)	从 str 的结尾（右侧）删除 str1 中包含的字符

需要说明的是，上表函数中的 str1 为一个子字符串，只要是子字符串中的字符就可以按要求删除，即可以忽略字符顺序。例如下面的案例代码：

```
mystr = '3101hello2101'
print(mystr.strip('0123'))
print(mystr.lstrip('0123'))
print(mystr.rstrip('0123'))
```

运行结果如下:

```
hello
hello2101
3101hello
```

10.6.6 拆分函数

我们可以通过字符串拆分函数对字符串进行拆分,如表10.7所示。

表10.7 常用的拆分函数

函 数 名	功 能 描 述
str.partition(t)	拆分为3个字符串(head,t,tail)
str.rpartition(t)	同partition()函数,从右侧开始拆分
str.split(t)	以t为分隔符进行拆分
str.rsplit(t)	同split()函数,从右侧开始拆分
str.splitlines()	返回由各行组成的列表

案例代码如下:

```
mystr = 'hello11world11hello11Python'
print(mystr.partition('11'))
print(mystr.rpartition('11'))
print(mystr.split('11'))
print(mystr.rsplit('11'))
```

运行结果如下:

```
('hello', '11', 'world11hello11Python')
('hello11world11hello', '11', 'Python')
['hello', 'world', 'hello', 'Python']
['hello', 'world', 'hello', 'Python']
```

我们在用splitlines()函数的时候需要注意,这里的行指的是以换行转义字符"\n"划分的行,而不是用代码续行符"\"做的分行。例如下面的案例代码:

```
mystr = 'hello11world11\nhello11\
Python'
print(mystr.splitlines())
```

运行结果如下:

```
['hello11world11', 'hello11Python']
```

第 10 关　危险的"外交家"——字符串

10.6.7　替换函数

我们可以通过字符串替换函数将字符串中的某些字符进行替换，如表 10.8 所示。

表 10.8　常用的替换函数

函　数　名	功　能　描　述
str.replace(old,new)	用 new 替换 old
str.expandtabs(n)	将每个制表符替换为 *n* 个空格

案例代码如下：

```
mystr = 'hello\tPython'
print(mystr)
print(mystr.replace('h', 'H'))
print(mystr.expandtabs(1))
```

运行结果如下：

```
hello Python
Hello PytHon
hello Python
```

10.6.8　其他字符串函数

在处理字符串方面，还有其他一些函数能为我们带来许多便利，如表 10.9 所示。

表 10.9　其他字符串函数

函　数　名	功　能　描　述
str.count(t)	t 出现的次数
str.join(seq)	使用 str 将 seq 组成字符串
str.zfill(width)	在左边填充足够的 0，使长度为 width
str.maketrans(old,new)	将 old 中的字符转换为 new 中的字符
str.translate(table)	使用指定转换表（使用 maketrans() 函数创建），对 str 字符进行转换

75

案例代码如下:

```
mystr1 = 'hello hello hello'
print(mystr1.count('hello'))
print(mystr1.count('l'))
print('-'.join(('123', '456', '789')))
print(mystr1.zfill(25))
```

运行结果如下:

```
3
6
123-456-789
00000000hello hello hello
```

前面提到过的替换函数 replace() 可以将某一个字符串替换为另一个字符串。这里我们提供了一个更强大的替换方法,可以将多个字符一次性替换为其他的字符,而且这些字符在被替换的字符串中可以处于非连续的分布状态。这种方法需要 maketrans() 函数与 translate() 函数配合使用,maketrans() 函数用来形成对应的字符"字典",translate() 函数用来执行替换操作,如下面的案例代码:

```
# 此处的'aaa'可以为任意字符串
mytable = 'aaa'.maketrans('abcdefg', '1234567')
print('aha, abc, fog!'.translate(mytable))
```

运行结果如下:

```
1h1, 123, 6o7!
```

10.7　在字符串中嵌入元素的两种方法

如果想在字符串中嵌入可以变化的字符串或数字,可以通过两种方法实现。一种是参考 C 语言的 % 格式,在字符串中需要插入元素的地方插入 %s、%d 或 %f,其分别代表要插入的元素为字符串、整数或小数,然后在字符串外添加一个 %,最后直接把要插入的元素放在最后一个 % 后面,如下面的案例代码:

```
print('我现在学习的编程语言是%s'%'Python')
print('圆周率是%f'%3.1415926)
```

第 10 关 危险的"外交家"——字符串

运行结果如下:

> 我现在学习的编程语言是Python
> 圆周率是3.141593

如果要在同一个字符串中插入两个或两个以上的元素,应将需要添加的所有元素放在一个括号中并用逗号隔开(即放在一个元组里),如下面的案例代码:

```
print('我的名字叫%s, 我今年%d岁。我喜欢的编程语言是%s, 我还知道圆周率是%f'%('派森', 12, 'Python', 3.1415926))
```

运行结果如下:

> 我的名字叫派森,我今年12岁。我喜欢的编程语言是Python,我还知道圆周率是3.141593

第二种在字符串中插入元素的方式为利用 format() 函数。这个函数也有两种使用方法——通过位置插入元素和通过关键字插入元素。

我们只需要将一对大括号放在字符串中需要插入元素的地方,在字符串后面加上".format()",然后将需要插入的元素依次放在 format 后面的括号中即可。在 format 后面的括号中,第一个元素会被插入字符串中第一个大括号处,第二个元素会被插入第二个大括号处,依次类推,这就是所谓的"通过位置插入"。如下面的案例代码:

```
print('我现在学习的编程语言是{}'.format('Python'))
print('我的名字叫{}, 我今年{}岁。我喜欢的编程语言是{}'.format('派森', 12, 'Python'))
```

运行结果如下:

> 我现在学习的编程语言是Python
> 我的名字叫派森,我今年12岁。我喜欢的编程语言是Python

如果在上述"通过位置插入"的字符串的每个大括号中都加入一个关键字,在 format 后的括号中用"关键字 = 元素"的形式呈现,并用逗号隔开,这就是"通过关键字插入"的方法。在这种情况下,赋值的时候可以改变元素的顺序:

```
print('我的名字叫{name}, 我今年{age}岁, 我喜欢的编程语言是{language}'.format(name = '派森', age = 12, language = 'Python'))
print('我的名字叫{name}, 我今年{age}岁, 我喜欢的编程语言是{language}'.format(age = 12, name = '派森', language = 'Python'))
```

读故事学编程——Python 王国历险记

上面两行代码用了关键字,虽然最后的赋值顺序不一样,但是运行结果是一样的:

我的名字叫派森,我今年12岁,我喜欢的编程语言是Python

10.8 狮口脱险——应用案例

在本关开头,派森和鹦鹉正路过"外交家"的危险沼泽,现在字符串知识学完了,"外交家"真的来了。他说了一句暗号:"啊哎……哎……啊啊啊哎啊哎哎古鲁瓦cA阿那亚噜啦啦哈d",说完他就把派森和鹦鹉关在带密码锁的狮子笼里了。派森和鹦鹉只有30秒的时间从"外交家"的暗号里找到密码并开锁逃生,否则就会被狮子吃掉。

派森他俩经过分析发现了下面的线索:

1. 暗号中前半部分都是语气词,包括"啊""哎"和句点".",不是真正的密码部分;

2. 密码一共6位,3个密语分别对应着不同的大写字母:"古鲁瓦"对应着字母"E";"阿那亚"对应着"F";"噜啦啦哈"对应着"A";

3. 最后所有的字母都可以转换为数字,大写字母"ABCDEF"分别对应着"123456";

4. 输入6位密码前需要说3遍"芝麻开门";

5. 只有30秒的时间开锁,否则会被狮子吃掉。

经过分析,他们迅速开始行动。第一步,去掉前面的语气词,代码如下:

```
password = '啊哎……哎……啊啊啊哎啊哎哎古鲁瓦cA阿那亚噜啦啦哈d'
password = password.strip('啊哎.')
print(password)
```

运行结果如下:

古鲁瓦cA阿那亚噜啦啦哈d

第二步,将3个密语转换为大写字母,代码如下:

```
password = password.replace('古鲁瓦', 'E')
password = password.replace('阿那亚', 'F')
password = password.replace('噜啦啦哈', 'A')
print(password)
```

第10关 危险的"外交家"——字符串

运行结果如下:

```
EcAFAd
```

第三步,将密码中的小写字母都转换为大写字母,并进一步转换为对应的数字:

```
password = password.upper()
table = ''.maketrans('ABCDEF', '123456')
password = password.translate(table)
print(password)
```

运行结果如下:

```
531614
```

第四步,加上3遍"芝麻开门",代码如下:

```
password = '芝麻开门' * 3 + password
print(password)
```

运行结果如下:

```
芝麻开门芝麻开门芝麻开门531614
```

第五步,设计30秒逃生程序。这里用到了前面学过的time模块,通过两个时间戳判断所用时间。利用if...else条件判断语句,if与冒号之间为条件,其下为满足条件后的执行代码,"else:"下为不满足条件时执行的代码。代码如下:

```
import time
time_begin = time.time()
mypassword = input('请输入密码:')
time_end = time.time()
if mypassword == password and time_end - time_begin <= 30:
    print('恭喜你狮口脱险成功!')
else:
    print('你已经被狮子吃掉了!')
```

最后的完整代码如下:

```
# 密码解析部分
import time
password = '啊哎……哎……啊啊啊哎啊哎哎古鲁瓦cA阿那亚噜啦啦哈d'
# 第一步,去掉前面的语气词
password = password.strip('啊哎.')
```

```
# 第二步,将3个密语转换为大写字母
password = password.replace('古鲁瓦', 'E')
password = password.replace('阿那亚', 'F')
password = password.replace('噜啦啦哈', 'A')
# 第三步,将小写字母转换为大写字母,并进一步转换为对应的数字
password = password.upper()
table = ''.maketrans('ABCDEF', '123456')
password = password.translate(table)
# 第四步,加上3遍"芝麻开门"
password = '芝麻开门' * 3 + password
print(password)
# 第五步,逃生程序部分
time_begin = time.time()
mypassword = input('请输入密码:')
time_end = time.time()
if mypassword == password and time_end - time_begin <= 30:
    print('恭喜你狮口脱险成功!')
else:
    print('你已经被狮子吃掉了!')
```

运行程序,派森和鹦鹉成功找到密码并顺利脱险,如图 10.6 所示。通过这次冒险经历,他俩体会到了学好字符串函数的重要性。

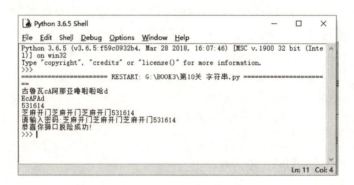

图 10.6　狮口脱险案例运行结果界面

第 11 关

怪兽餐厅——列表

本关要点：
了解列表的本质；
掌握创建列表的方法；
掌握列表的组合与重复的方法；
掌握通过索引和切片获取列表元素的方法；
掌握获取列表相关帮助的方法；
掌握常用的列表函数。

派森和鹦鹉饿极了，看见一家餐厅就径直走了进去。没想到这是一家怪兽餐厅，他们刚坐下，一只怪兽服务员就拿来了这样的菜单：

```
menu = ['生牛肉', '生鹿肉', '老虎尾巴', '毒蘑菇', '橡树子', '磨牙鹅卵石']
```

派森他俩光看这些菜名就被吓坏了，而且这份菜单的形式非常特别，根本不知道如何点菜。他俩想逃走，却被怪兽服务员抓住脖子，被告知"不点菜不能离开"。邻桌的一位好心顾客提醒——菜单就是"列表（list）"，也是一种序列。

于是，派森告诉鹦鹉：他想点唯一能够接受的食物——橡树子。前面学过可以通过索引获取序列的元素，于是派森想尝试通过 menu[5] 点菜。鹦鹉马上提醒：索引值应从 0 开始。很快他们通过 menu[4] 成功点到了橡树子。派森很感激邻桌顾客的帮忙，于是他们聊了起来，在这个过程中邻桌顾客也开始教给派森和鹦鹉更多关于列表的知识。

读故事学编程——Python 王国历险记

11.1 怪兽的菜单——列表是什么

我们在前面学习过序列，知道序列包括字符串、列表、元组等数据类型。怪兽餐厅的菜单本质上就是一个列表，也是一个序列。因此，我们也可以用一串带编号的"盒子"来理解列表，而菜单就是将各个菜名分别存入了带编号的"盒子"，如图 11.1 所示。

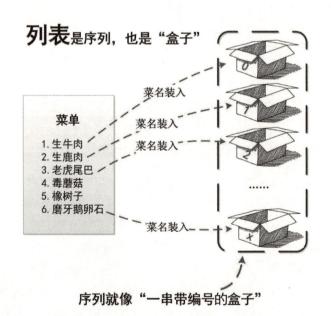

图 11.1 列表示意图

第 11 关　怪兽餐厅——列表

11.2　创建一份自己的菜单——创建列表的方法

明白了菜单原来就是列表之后，派森和鹦鹉就想创建一份自己的菜单，因为橡树子不合他们的胃口。他们发现创建列表的方法很简单：只需要将列表元素（这里指菜名）以逗号隔开，然后全部放在一对方括号中，最后给菜单设置一个名字（也就是将列表作为一个整体赋值给一个变量）就可以了，如图 11.2 所示。

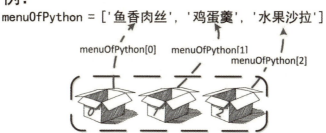

图 11.2　创建列表的方法示意图

派森想吃的菜有鱼香肉丝、鸡蛋羹、水果沙拉，鹦鹉想吃的菜有嫩树叶、小西红柿、小米粒，于是他俩的菜单就变成了这样：

```
menuOfPython = ['鱼香肉丝', '鸡蛋羹', '水果沙拉']
menuOfParrot = ['嫩树叶', '小西红柿', '小米粒']
```

11.3　只要一份菜单——列表的组合与重复

终于要点自己喜欢的菜了，派森和鹦鹉把新创建的两份菜单给了怪兽服务员。怪兽服务员说两份菜单太麻烦，弄成一份就好。鹦鹉想起可以用"+"和"*"对字符串进行合并和重复，于是有了下面的代码：

```
menuN = menuOfParrot * 2
```

83

读故事学编程——Python 王国历险记

```
menuNew = menuOfParrot+menuOfPython
print(menuN)
print(menuNew)
```

运行结果如下:

```
['嫩树叶', '小西红柿', '小米粒', '嫩树叶', '小西红柿', '小米粒']
['嫩树叶', '小西红柿', '小米粒', '鱼香肉丝', '鸡蛋羹', '水果沙拉']
```

11.4 点菜的方法——通过索引和切片获取列表元素

点菜的方法就是通过索引和切片获取列表元素。在序列所有的数据类型中，索引和切片的操作方法是一样的，因此我们只需要参考通过索引和切片获取字符串中元素的方法就可以了。如果想改变某个值，我们也可以通过索引直接更改。通过索引和切片获取列表元素，如图 11.3 所示。

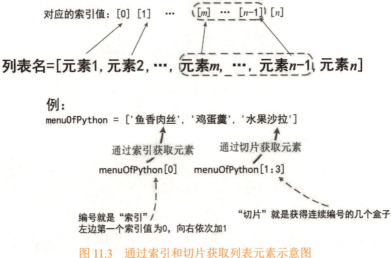

图 11.3　通过索引和切片获取列表元素示意图

于是，他们开始点菜:

```
print('鹦鹉想吃:', menuNew[0], menuNew[1], menuNew[2])
print('派森想吃:', menuNew[3], menuNew[4], menuNew[5])
```

运行结果如下:

第 11 关 怪兽餐厅——列表

鹦鹉想吃：	嫩树叶 小西红柿 小米粒
派森想吃：	鱼香肉丝 鸡蛋羹 水果沙拉

如果我们想将派森菜单中的"鱼香肉丝"换为"牛排",只需要使用下面的语句即可完成:

```
menuNew[3] = '牛排'
```

11.5 怪兽们的各种技能——列表的函数

派森和鹦鹉终于吃上了自己喜欢的菜,他俩特别开心。邻桌的顾客告诉他们,怪兽有时候会向顾客提出很多其他难题,如果处理不好就会受到惩罚。因此,他们还需要学习一下怪兽们的其他技能——列表的各个函数。

如果我们想获得关于列表的函数及相关方法的说明,在 IDLE 编程环境中输入下面的代码就可以了:

```
help([])
```

11.5.1 列表查询函数

列表中包含一系列的查询函数,它们能够极大地方便我们对列表的操作。例如,用 len() 函数可以获得列表的长度,用 count() 函数可以统计某个元素出现的次数,用 index() 函数可以获得某个元素的索引值,用 max() 函数和 min() 函数可以获得列表中的最大值与最小值,用 in 函数可以判断元素是否包含在列表中。常用的列表查询函数如表 11.1 所示。

表 11.1 常用的列表查询函数

函 数 名	功 能 描 述
len(list)	返回 list 的长度（即元素个数）
list.count(x)	元素 x 在 list 中出现的次数
list.index(x)	元素 x 在 list 中的索引值
max(list)	list 中的最大值
min(list)	list 中的最小值
x in list	元素 x 是否包含在 list 中，返回值为 True 或 False

例如，我们可以像下面这样应用查询函数进行相关操作：

```
myList = ['one', 'two', 'three', 'two']
print('列表myList的长度为：', len(myList))
print('列表myList中two出现的次数为：', myList.count('two'))
print('列表myList中第一个two的索引值为：', myList.index('two'))
print('three是否包含在列表myList中：', 'three' in myList)
myList2 = [1, 2, 3, 100]
print('列表myList2中的最大值为：', max(myList2))
print('列表myList2中的最小值为：', min(myList2))
```

需要注意的是，max() 与 min() 函数用于数字元素的列表时，按数值进行比较；用于字符串元素的列表时，则按字母顺序比较，靠后的字母值较大。上述案例程序的运行结果如下：

```
列表myList的长度为： 4
列表myList中two出现的次数为： 2
列表myList中第一个two的索引值为： 1
three是否包含在列表myList中： True
列表myList2中的最大值为： 100
列表myList2中的最小值为： 1
```

11.5.2 添加元素的列表函数

如果我们想给现有的列表添加元素，可以有很多种实现方法。例如，我们想在派森和鹦鹉的菜单中加上"牛排"，可以通过以下 4 种方法实现，如表 11.2 所示。

表 11.2 常用的给列表添加元素的方法

给列表添加元素的方法	功 能 描 述
list1+list2	将 list1、list2 合并为一个列表

第 11 关 怪兽餐厅——列表

续表

给列表添加元素的方法	功 能 描 述
list.append(x)	将元素 x 添加至 list 结尾
list.extend(list2)	将 list2 添加至 list 结尾
list.insert(i,x)	在 list 索引值为 i 的元素前面插入元素 x，之前索引值为 i 的元素及其后的所有元素后移一位

方法一，通过"+"进行元素合并。这种方法比较简单，可以同时给列表添加一个或多个元素，但只能将其添加至原来列表的开头或结尾。我们只需要将要添加的元素单独列为一个列表，将新的列表通过"+"与原来的列表连接即可，两个列表的前后位置决定最终列表中元素的位置。通过这种方法更改菜单，代码如下：

```
menuNew = ['嫩树叶', '小西红柿', '小米粒', '鱼香肉丝', '鸡蛋羹', '水果沙拉']
menuNew1 = menuNew + ['牛排']
print(menuNew1)
```

方法二，通过 append() 函数添加元素。这种方法一次只能添加一个元素，并且只能将新的元素添加至原来列表的末尾。用这种方法更改菜单，代码如下：

```
menuNew.append('牛排')
```

方法三，通过 extend() 函数添加元素。extend() 函数能够将一个新的列表添加至原来列表的结尾。因此，这个函数也可以一次添加多个元素至列表中。更改菜单的代码如下：

```
menuNew.extend(['牛排'])
```

方法四，通过 insert() 函数将某个元素按照索引值添加至指定的位置，原来处于该索引值位置的元素向后移动一位。insert(i,x) 函数的括号中有两个参数，第一个代表索引值，第二个代表要插入的元素。例如，我们要把"牛排"插入菜单的开头，代码如下：

```
menuNew.insert(0, '牛排')
```

11.5.3 删除列表元素的函数

在 Python 王国中，删除列表元素的函数有两种：一种是通过索引值删除，一种是通过元素值来删除,如表 11.3 所示。

表 11.3 常用的删除列表元素的函数

函 数 名	功 能 描 述
list.pop(i)	删除 list 中索引值为 i 的元素
list.remove(x)	删除 list 中第一个值为 x 的元素

通过索引值删除元素,需要用到 pop() 函数,只需要将索引值放入 pop 后的括号中即可。例如,我们想删除菜单中的第三个菜——"小米粒",就可以编写下面的代码:

```
menuNew = ['嫩树叶', '小西红柿', '小米粒', '鱼香肉丝', '鸡蛋羹', '水果沙拉']
menuNew.pop(2)
```

如果想通过元素值来删除元素,则需要用到 remove() 函数,直接将元素值放入 remove 后的括号中即可。但需要注意,如果列表中有多个元素的值与要删除的元素值等同,这里只能删除第一个。例如,删除菜单中的"鸡蛋羹",就可以编写下面的代码:

```
menuNew = ['嫩树叶', '小西红柿', '小米粒', '鱼香肉丝', '鸡蛋羹', '水果沙拉']
menuNew.remove('鸡蛋羹')
```

11.5.4 改变列表元素顺序的函数

如表 11.4 所示为两种改变列表元素顺序的函数:一种是 reverse() 函数,用于反转列表中元素的顺序;另一种是 sort() 函数,用于将列表中的元素升序排列。

表 11.4 常用的改变列表元素顺序的函数

函 数 名	功 能 描 述
list.reverse()	反转 list 中元素的顺序
list.sort()	将 list 中的元素升序排列

如果我们想反转菜单的顺序,代码如下:

```
menuNew = ['嫩树叶', '小西红柿', '小米粒', '鱼香肉丝', '鸡蛋羹', '水果沙拉']
menuNew.reverse()
print(menuNew)
```

第 11 关 怪兽餐厅——列表

运行结果如下：

['水果沙拉', '鸡蛋羹', '鱼香肉丝', '小米粒', '小西红柿', '嫩树叶']

11.6 怪兽餐厅的赠菜活动——列表函数应用案例 1

"咣咣咣"几声锣响，怪兽餐厅的赠菜活动开始了，顾客必须闭着眼睛在菜单中点赠送的菜。派森从其他顾客口中得知，菜单的第一个菜、最后一个菜和中间的菜是毒蘑菇，而且菜品总数为单数。于是派森想到一个去掉有毒食物的办法：

```
menu = ['毒蘑菇', '嫩树叶', '小西红柿', '小米粒', '毒蘑菇', '鱼香肉丝',
'鸡蛋羹', '水果沙拉', '毒蘑菇']
menu.pop(0)                          # 去掉第一个菜
menu.pop(int(len(menu) / 2) - 1)     # 去掉中间的菜
menu.pop(len(menu) - 1)              # 去掉最后一个菜
print(menu)
```

运行结果如下：

['嫩树叶', '小西红柿', '小米粒', '鱼香肉丝', '鸡蛋羹', '水果沙拉']

在上面的程序中，首先通过 pop() 函数去掉索引值为 0 的菜，也就是去掉了第一个毒蘑菇。现在菜的总数为偶数了，中间的毒蘑菇正好是第 len(menu) / 2 个菜，但索引值是从 0 开始的，因此中间的毒蘑菇的索引值为 len(menu) / 2 - 1。又因为除法运算结果为浮点数，需要用 int() 函数将除法结果转为整数，所以中间毒蘑菇的索引值为 int(len(menu) / 2) - 1。接下来通过 pop(len(menu) - 1) 删除最后一个毒蘑菇。

现在菜单中所有的有毒食物都被删除了，顾客可以放心地点菜了。于是派森和鹦鹉点菜如下：

```
print('鹦鹉点了', menu[0:3])
print('派森点了', menu[3:6])
```

运行结果如下：

鹦鹉点了 ['嫩树叶', '小西红柿', '小米粒']
派森点了 ['鱼香肉丝', '鸡蛋羹', '水果沙拉']

11.7 顾客统计——列表函数应用案例2

接下来怪兽餐厅的老板要统计最近几天所有用餐的顾客了。现有的顾客列表为：

```
listOfCustomer = ['独角兽', '大眼怪', '大耳朵巨人', '独眼兽', '怪兽芭比', \
                  '怪兽汤姆', '海盗', '大耳朵巨人', '怪侠', '独角兽', \
                  '海盗', '大眼怪', '大眼怪', '独角兽', '恶龙', '怪侠', \
                  '蓝精灵', '树人', '独角兽', '海盗']
```

派森用了下面的语句把他和鹦鹉的名字加到了名单上：

```
listOfCustomer.extend(['派森', '鹦鹉'])
```

老板怪兽要考验一下派森，于是让他回答"独角兽"这几天来了几次。若答不出来，就将惩罚他和鹦鹉。这当然难不倒派森，他写出的代码如下：

```
times = listOfCustomer.count('独角兽')
print('独角兽来的次数为', times)
```

运行结果如下：

```
独角兽来的次数为 4
```

接着老板怪兽让派森把所有用餐顾客名单按照来访顺序进行反转排列，派森用了reverse()函数轻松解决：

```
listOfCustomer.reverse()
print(listOfCustomer)
```

运行结果如下：

```
['鹦鹉', '派森', '海盗', '独角兽', '树人', '蓝精灵', '怪侠', '恶龙', '独角兽', '大眼怪', '大眼怪', '海盗', '独角兽', '怪侠', '大耳朵巨人', '海盗', '怪兽汤姆', '怪兽芭比', '独眼兽', '大耳朵巨人', '大眼怪', '独角兽']
```

老板怪兽见难不倒派森，气鼓鼓地离开了。

11.8 付款的考验——列表函数应用案例3

在派森和鹦鹉结账后准备离开时，怪兽服务员故意为难他俩，说他俩弄乱了

第 11 关　怪兽餐厅——列表

在场 10 位顾客的消费金额，需要让派森闭着眼选择一个金额付款。派森和鹦鹉相视一笑就同意了这个要求。这次是鹦鹉说出来的代码：

```
listOfMoney = [100,234,5555,2345,890,123,3421,10000,1,221]
listOfMoney.sort()
print('鹦鹉选择的金额为:', listOfMoney[0])
```

派森说他有更好的办法：

```
print('派森选择的金额为:', min(listOfMoney))
```

运行结果如下：

```
鹦鹉选择的金额为： 1
派森选择的金额为： 1
```

派森和鹦鹉只付了 1 元钱，就吹着口哨大摇大摆地走出了这家"奇妙"的怪兽餐厅。

第 12 关

王国里"最顽固"的人——元组

本关要点:
了解元组与列表的异同;
掌握用"+"与"*"对元组进行合并和重复操作;
掌握常用的元组函数。

这一天,派森和鹦鹉来到了一个叫"顽固小镇"的地方。他们看到这里的人们都向一位白胡子老爷爷鞠躬。经过打听得知,这位老爷爷就是 Python 王国里"最顽固"的人——元组(tuple),王国里所有不能变的事情都是找他处理的,连 Python 王国的法律都是他制定的。派森很好奇王国的法律包括哪些方面,于是被告知了下面的内容:

```
law = ('诚实','勇敢','勤奋','谦虚')
```

派森和鹦鹉很好奇"元组"是一种什么数据类型,于是他俩开始四处打听,向"顽固小镇"的居民们请教"元组"的相关内容。

第 12 关 王国里"最顽固"的人——元组

12.1 "怪兽餐厅"老板的弟弟——元组是什么

在与小镇居民的聊天中,派森了解到,这个"最顽固"的人有一个哥哥,在另一个小镇开了一家怪兽餐厅。弟弟是"元组",哥哥是"列表",他们兄弟两个都属于"序列",他们很多处理问题的方法都是一样的。例如,用"+"和"*"合并和重复元素、用索引和切片获取元素、用 in 函数判断元素的包含关系。因此,我们完全也可以把元组理解为"一串带编号的盒子"。

12.2 创建元组

创建元组的方法很简单,将不同元素用逗号隔开后放在一个括号中就可以了。我们也可以为元组起一个名字,也就是将元组赋值给一个变量,如图 12.1 所示。

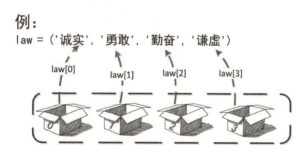

图 12.1 创建元组示意图

需要注意的是,如果我们要创建一个空元组,可以直接用一对括号表示;如果我们要创建只有一个元素的元组,应在单个元素后面加上一个逗号,否则元素会被识别为算式中的符号。

```
myTuple1 = ()           # 创建空元组
myTuple2 = (2, )        # 正确方法创建一个元素的元组
testT = (2)             # 错误方法创建一个元素的元组
print(type(myTuple1))
```

```
print(type(myTuple2))
print(type(testT))
```

我们通过 type() 函数对数据类型进行检测，从运行结果可以看出 myTuple1 与 myTuple2 为元组类型，testT 的类型为整数类型，运行结果如下：

```
<class 'tuple'>
<class 'tuple'>
<class 'int'>
```

12.3　元组与列表的区别

虽然元组和列表同属于序列，在很多方面操作一致，但是它们之间也存在一些区别。这些区别主要体现在两个方面：一是定义数据类型的格式上，列表用方括号，而元组用圆括号；二是在是否可以更改元素方面，列表现有的元素是可以更改的，而元组现有的元素是不可以更改的。二者的区别如图 12.2 所示。

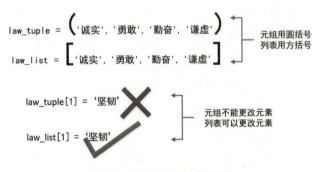

图 12.2　元组与列表的区别

12.4　通过索引和切片获取元组元素

在获取元素方面，元组与列表一样，都可以通过索引和切片进行。左边第一个元素的索引值为 0，向右依次加 1；切片获取元素的格式为"元组名 [m,n]"，切片 [m,n] 可以获取索引值为 m~n-1 的元素。元组的索引与切片如图 12.3 所示。

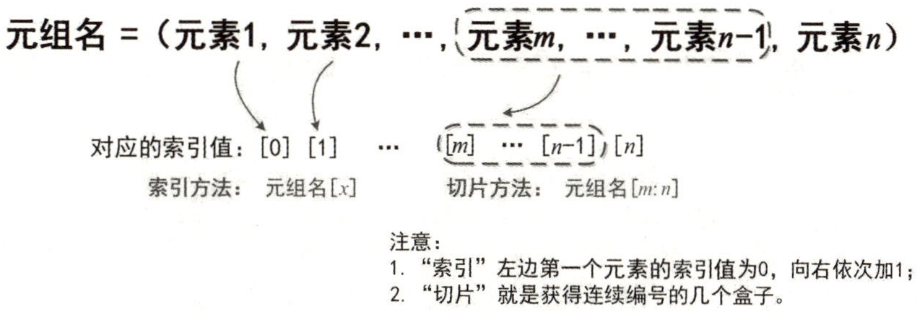

第 12 关 王国里"最顽固"的人——元组

```
元组名 =（元素1, 元素2, …, 元素m, …, 元素n-1, 元素n）

对应的索引值: [0] [1] … [m] … [n-1] [n]
索引方法:   元组名[x]      切片方法: 元组名[m:n]
```

注意：
1. "索引"左边第一个元素的索引值为0，向右依次加1；
2. "切片"就是获得连续编号的几个盒子。

图 12.3　元组的索引与切片示意图

例如，我们想获得王国的第 1～3 条法律条款，用索引和切片需要注意索引值，实现方法如下：

```
law = ('诚实','勇敢', '勤奋','谦虚')
print('第1条法律条款为:', law[0])      # 获取第1条法律条款
print('第2~3条法律条款为:', law[1:3])   # 获取第2~3条法律条款
```

运行结果如下：

```
第1条法律条款为: 诚实
第2~3条法律条款为: ('勇敢', '勤奋')
```

12.5　更改、删除的替代方法

元组中已有的元素不能更改，这也是为什么王国里所有不能更改的事情都让元组负责的原因，这也是为什么元组会成为"最顽固"的人的原因。虽然元组中的元素不能更改，但是我们可以通过其他一些方法弥补元组这一特点在某些时候的不足。

12.5.1　用"+"与"*"对元组进行合并和重复操作

我们可以通过"+"与"*"对元组进行合并和重复操作。例如，"顽固小镇"居民的菜单是固定的两份，隔一天换一份，怎样通过合并与重复对他们的菜单进行操作呢？代码如下：

```
menu1 = ('煮土豆', '炸土豆', '炒土豆', '蒸土豆')
menu2 = ('煮红薯', '炸红薯', '炒红薯', '蒸红薯')
menu3 = menu1 * 2
```

```
menu4 = menu1 + menu2
print('通过"*"得到的菜单：', menu3)
print('通过"+"得到的菜单：', menu4)
```

运行代码，结果与我们预期的一样，如下：

通过"*"得到的菜单： ('煮土豆', '炸土豆', '炒土豆', '蒸土豆', '煮土豆', '炸土豆', '炒土豆', '蒸土豆')
通过"+"得到的菜单： ('煮土豆', '炸土豆', '炒土豆', '蒸土豆', '煮红薯', '炸红薯', '炒红薯', '蒸红薯')

12.5.2 用 del 语句删除整个元组

我们不能删除元组的元素，但是可以用 del 语句删除整个元组。

```
menu1 = ('煮土豆', '炸土豆', '炒土豆', '蒸土豆')
del menu1
print(menu1)
```

当我们运行代码的时候，就会收到提示——元组 menu1 已经不存在了，如下：

```
NameError: name 'menu1' is not defined
```

12.5.3 提取元素组成新的元组

我们也可以根据需要将原来元组的元素提取出来，组成新的元组。例如，我们要求把第一份菜单的第1、3个菜和第二份菜单的第2、4个菜组成一份新菜单，代码如下：

```
menu1 = ('煮土豆', '炸土豆', '炒土豆', '蒸土豆')
menu2 = ('煮红薯', '炸红薯', '炒红薯', '蒸红薯')
menuNew = (menu1[0], menu1[2], menu2[1], menu2[3])
print(menuNew)
```

运行代码，得到的结果符合我们的要求，如下：

('煮土豆', '炒土豆', '炸红薯', '蒸红薯')

12.6 常用的元组函数

关于元组的操作还有其他一些函数，也能为我们带来许多便利。元组的这

第12关　王国里"最顽固"的人——元组

些函数大部分也适用于列表，如通过 max() 函数、min() 函数获得元组中的最大、最小元素，通过 len() 函数获得元组的长度（即元素的个数），通过 in 函数判断某元素是否包含在元组中，如表 12.1 所示。

表 12.1　常用的元组函数

函　数　名	功　能　描　述
max(myTuple)	获得 myTuple 中的最大元素
min(myTuple)	获得 myTuple 中的最小元素
len(myTuple)	获得 myTuple 的元素个数
x in myTuple	判断元素 x 是否包含在 myTuple 中
Tuple.count(x)	获得元素 x 在 Tuple 中出现的次数
Tuple.index(x)	获得元素 x 的索引值
Tuple(myList)	将 myList 转换成 Tuple

例如，我们可以通过下面的代码验证上述函数的作用：

```
myTuple = (1, 100, 25, 36, 98)
print('元组长度为：', len(myTuple))
print('该元组中的最大值为：', max(myTuple))
print('该元组中的最小值为：', min(myTuple))
print('120是否在元组myTuple中：', 120 in myTuple)
```

运行结果如下：

```
元组长度为： 5
该元组中的最大值为： 100
该元组中的最小值为： 1
120是否在元组myTuple中： False
```

又例如，我们将用 3 种语言问好的方式存储在一个列表中，通过 Tuple() 函数可以将这个列表转换为元组类型，如下：

```
myList = ['你好', 'hello', '안녕하세요.']
myTuple = Tuple(myList)
print('myList的数据类型为：', type(myList))
print('myTuple的数据类型为：', type(myTuple))
```

运行结果如下：

```
myList的数据类型为： <class 'List'>
myTuple的数据类型为： <class 'Tuple'>
```

12.7 改善小镇居民的生活

整个"顽固小镇"的所有居民一直使用固定的菜单和固定的娱乐方式,派森和鹦鹉觉得他们这样的生活太单调了,很想帮助他们,让他们的生活变得更加丰富。于是他俩决定运用刚刚学到的关于元组的知识改善小镇居民的生活,代码如下:

```
happyTuple = ('散步', '睡觉')
menu1 = ('煮土豆', '炸土豆', '炒土豆', '蒸土豆')
menu2 = ('煮红薯', '炸红薯', '炒红薯', '蒸红薯')
happyTuple = happyTuple + ('踢足球', '看电视', '唱歌', '画画', '交朋友', '旅游')
menuNew = (menu1[2], menu2[3]) + ('牛排', '比萨', '烤鸭', '火锅', '铁板烧')
print('现在的娱乐项目:', happyTuple)
print('现在的菜单:', menuNew)
```

运行代码,发现小镇居民的生活丰富多了,结果如下:

```
现在的娱乐项目: ('散步', '睡觉', '踢足球', '看电视', '唱歌', '画画', '交朋友', '旅游')
现在的菜单: ('炒土豆', '蒸红薯', '牛排', '比萨', '烤鸭', '火锅', '铁板烧')
```

12.8 "荣誉公民"选举

派森和鹦鹉在小镇改善居民饮食和娱乐方式的行为受到了大家热烈的欢迎。于是派森和鹦鹉成为"荣誉公民"的候选人,首先需要将他俩的名字加入候选人名单,代码如下:

```
myTuple = ('汤姆', '汉斯', '大卫', '西斯', '伽马', '德尔塔', '亚马', '瑞拉')
myTuple = myTuple + ('派森', '鹦鹉')
print('当前候选人名单:', myTuple)
```

运行程序,结果如下:

```
当前候选人名单: ('汤姆', '汉斯', '大卫', '西斯', '伽马', '德尔塔', '亚马', '瑞拉', '派森', '鹦鹉')
```

第 12 关 王国里"最顽固"的人——元组

派森想看看一共有多少位候选人,于是下面的代码提供了帮助:

```
print('候选人总数:', len(myTuple))
```

得到结果,共有 10 个人入选。派森想随机抽取两位候选人看看,并想看看刚刚认识的"汤姆"是否在候选人名单里,于是他写了下面的代码:

```
print('汤姆是否在名单里:', '汤姆' in myTuple)
print('随机抽取两位候选人:', myTuple[9], myTuple[5])
```

运行结果如下:

```
汤姆是否在名单里: True
随机抽取两位候选人: 鹦鹉 德尔塔
```

最后,大家决定通过比较候选人开始学习编程的年龄决定"荣誉公民"的人选——最大年龄和最小年龄的两个人将成为小镇的"荣誉公民",于是代码如下:

```
age = (21, 15, 32, 6, 40, 60, 30, 82, 12, 10)
print('最大年龄的荣誉公民年龄为:', max(age))
print('最小年龄的荣誉公民年龄为:', min(age))
```

运行代码,结果显示年龄为 82 岁和 6 岁开始学习编程的两个人成为"荣誉公民",结果如下:

```
最大年龄的荣誉公民年龄为: 82
最小年龄的荣誉公民年龄为: 6
```

虽然派森和鹦鹉没有成为"荣誉公民",但是他俩都觉得这是一次愉快的经历。休息一晚后,第二天太阳刚出来,他俩就踏上了新的旅程。

第13关

要"名片"的迷宫——字典

本关要点:
了解字典的作用;
掌握创建字典的方法;
掌握字典的检索、更改、增加、删除等方法;
掌握字典的相关函数。

一阵龙卷风将派森与鹦鹉吹向了天空。等风停了,他俩发现自己被吹进了沙漠中的一座小城里。这里的街道和建筑纵横交错,就像一座"迷宫"。鹦鹉曾经听别人谈论过这座小城,它就是"名片"小城,是一座迷宫,更是通往王宫的必经之路,在这里生活的人们离不开一种数据类型——字典(dictionary)。果然没走几步,就有警察过来向他们要名片,派森仿照别人的样子输出了下面的代码:

```
card = {'姓名':'派森', '性别':'男', '年龄':12, '爱好':'编程'}
```

随后,他发现警察运行了下面的代码:

第 13 关　要"名片"的迷宫——字典

```
print(card['姓名'])
print(card['性别'])
print(card['年龄'])
```

运行结果如下：

```
派森
男
12
```

看完运行结果警察就离开了，派森虽然依葫芦画瓢过了关，但是他并不明白这些代码是什么意思。为了顺利通过这座迷宫——"名片"小城，他决定向路人学习"字典"的相关知识。

13.1　带名字标签的"盒子"——字典

通过向别人学习，派森了解到字典与列表、元组一样，也是能够存储一系列数据的"集合容器"，可以存储各种类型的数据。虽然也可以把字典理解为"一串盒子"，但字典并不属于序列。列表与元组可以通过为盒子标"编号（也就是索引）"来识别各个元素，而字典则直接为盒子贴上"名字标签（我们称其为'键'）"，如图 13.1 所示。如同我们上学时的老师点名，如果列表或元组作为老师，就会通过叫"学号"来找同学回答问题；而如果字典作为老师，就会直接叫同学的姓名来回答问题。

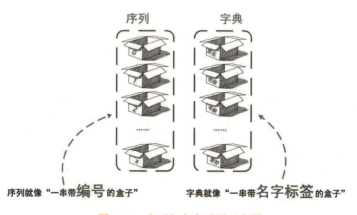

图 13.1　序列与字典区别示意图

101

13.2 创建字典的方法

字典中元素的形式是键值对，即一个键对应着一个值，键与值之间用冒号连接，不同的键值对之间用逗号间隔，把所有的键值对用大括号括起来就是字典了。为了方便操作，我们一般会为字典起一个名字，也就是将字典赋值给一个变量，如图13.2所示。

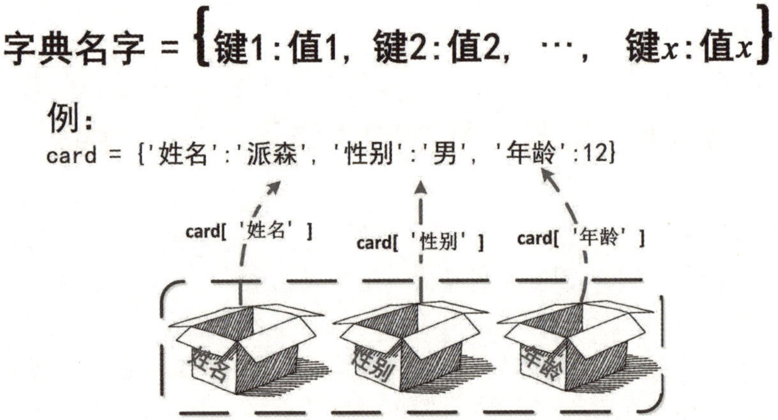

字典名字 = {键1:值1, 键2:值2, ⋯, 键x:值x}

例：
card = {'姓名':'派森', '性别':'男', '年龄':12}

card['姓名']   card['性别']   card['年龄']

图13.2 创建字典的方法示意图

在创建字典的时候，我们需要注意两点：一是键一般为数字或字符串；二是在同一个字典中的键不能重复，但是不同键对应的值可以相等。

13.3 字典的检索

字典数据最大的特点就是可以通过键访问对应的数据，即实现对字典的检索。这种特点为编程的某些操作提供了极大的方便。但如果访问不存在的键，则会出现错误。访问字典中键值对的方法与索引类似——将键名放在方括号中，再将这个方括号放于字典名后面，如图13.3所示。

第 13 关　要"名片"的迷宫——字典

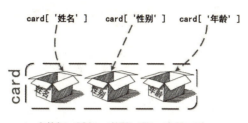

图 13.3　访问字典示意图

13.4　字典的更改、增加、删除

要修改字符串首先通过键将键值对调出来，然后重新赋值即可，格式如下：

字典名[键名] = 新的值

如果要删除某个键值对或删除整个字典，可以通过 del 语句来完成，格式如下：

```
del 字典名[键名]    # 删除单个键值对
del 字典名          # 删除整个字典
```

如果要清空字典，可以用 clear() 函数来完成，格式如下：

字典名.clear()

我们可以用下面的代码验证一下：

```
card = {'姓名':'派森', '性别':'男', '年龄':12}
card['运动'] = '篮球'     # 增加新的键值对
del card['性别']
print(card)
card.clear()              # 清空字典
print(card)
```

运行结果如下：

```
{'姓名': '派森', '年龄': 12, '运动': '篮球'}
{}
```

13.5 字典的相关函数

字典中还有其他一系列的函数，通过这些函数可以进行基本查询、返回所有元素、依键取值、删除、复制、合并、重建等操作。灵活掌握这些常用函数能够提高我们编程的效率。

如果我们在编程的过程中想获得关于字典的函数，可以在 IDLE 编程环境中输入下面的代码，以获得字典相关函数及方法的说明：

```
help({})
```

13.5.1 基本查询函数

我们可以通过 len() 函数对字典中键值对的个数进行统计，也可以通过 in 函数判断某个键是否包含在字典中。这两个函数的应用与其在序列中的情况完全一样，如表 13.1 所示。

表 13.1 基本查询函数

函 数 名	功 能 描 述
len(dic)	dic 中键值对的个数
k in dic	判断键 k 是否包含在 dic 中

例如，我们用上述函数检查一下派森的名片，代码如下：

```
card = {'姓名':'派森', '性别':'男', '年龄':12, '爱好':'编程'}
print('字典中键值对的个数:', len(card))
print('\'姓名\'是否包含在字典card中:', '姓名' in card )
```

运行结果如下：

```
字典中键值对的个数：4
'姓名'是否包含在字典card中： True
```

13.5.2 返回所有元素的函数

我们可以通过 items()、keys()、values() 3 个函数获得某一个字典中所有的键与值、所有的键、所有的值，如表 13.2 所示。

第 13 关 要"名片"的迷宫——字典

表 13.2 常用的返回所有元素的函数

函 数 名	功 能 描 述
dic.items()	返回 dic 中所有的键与值
dic.keys()	返回 dic 中所有的键
dic.values()	返回 dic 中所有的值

我们可以用上面的函数看看派森的名片中所有的元素,代码如下:

```
card = {'姓名':'派森', '性别':'男', '年龄':12, '爱好':'编程'}
print('card中所有的键值对:', card.items())
print('card中所有的键:', card.keys())
print('card中所有的值:', card.values())
```

运行结果如下:

```
card中所有的键值对: dict_items([('姓名', '派森'), ('性别', '男'), ('年龄', 12), ('爱好', '编程')])
card中所有的键: dict_keys(['姓名', '性别', '年龄', '爱好'])
card中所有的值: dict_values(['派森', '男', 12, '编程'])
```

13.5.3 依键取值的函数

在字典中,我们可以通过 get() 函数获得某键对应的值,这与上面通过方括号访问键值对的方法功能相同;也可以通过 setdefault() 函数判断某键是否包含在字典中,从而决定是否在括号中添加新的键值对,如表 13.3 所示。

表 13.3 依键取值的函数

函 数 名	功 能 描 述
dic.get(k)	返回 dic 中与键 k 对应的值
dic.setdefault(k,v)	如果 k 在 dic 中,返回 dic 中与键 k 对应的值; 否则将键值对"k:v"添加到 dic 中,并返回值 v

我们尝试用不同的函数获得派森的年龄和身高,具体代码如下:

```
card = {'姓名':'派森', '性别':'男', '年龄':12, '爱好':'编程'}
print('派森的年龄为:', card.get('年龄'))
print('派森的年龄为:', card['年龄'])
print('派森的年龄为:', card.setdefault('年龄', 20))
print('当前派森的名片:', card)
print('派森的身高为:', card.setdefault('身高', 160))
print('当前派森的名片:', card)
```

运行结果如下：

```
派森的年龄为: 12
派森的年龄为: 12
派森的年龄为: 12
当前派森的名片: {'姓名': '派森', '性别': '男', '年龄': 12, '爱好': '编程'}
派森的身高为: 160
当前派森的名片: {'姓名': '派森', '性别': '男', '年龄': 12, '爱好': '编程', '身高': 160}
```

通过运行结果可以看到，如果访问字典中存在的键（如这里的"年龄"），那么通过 get、方括号、setdefault 这 3 种方法实现的效果是一样的，即使 setdefault 中的第二个参数值并非字典中该键对应的值也不会有影响；如果访问的是字典中不存在的键（如案例中的"身高"），那么通过 get 和方括号方法实现就会出错，而通过 setdefault 方法实现则会将括号中的两个参数作为新的键值对添加到字典中。

13.5.4 删除与复制函数

我们可以通过 pop() 函数或 popitem() 函数删除键值对，也可以通过 clear() 函数清空字典，还可以通过 copy() 函数复制字典，如表 13.4 所示。

表 13.4 删除与复制函数

函 数 名	功 能 描 述
dic.pop(k)	删除 dic 中的键 k，并返回 k 对应的值
dic.popitem()	随机返回 dic 中的某个键值对，并删除该键值对（一般删除最后一个）
dic.clear()	清空 dic
dic.copy()	复制 dic

我们还是以派森的名片为例，应用上面的函数，代码如下：

```
card = {'姓名':'派森', '性别':'男', '年龄':12, '爱好':'编程', '身高': 160}
card.pop('爱好')
print('用过pop的名片:', card)
card.popitem()
print('用过popitem的名片:', card)
card2 = card.copy()      # 将card复制后赋值给card2
card.clear()             # 清空card
print('当前card2为:', card2)
print('用过clear的card为:', card)
```

第13关 要"名片"的迷宫——字典

运行结果如下：

```
用过pop的名片：{'姓名': '派森', '性别': '男', '年龄': 12, '身高': 160}
用过popitem的名片：{'姓名': '派森', '性别': '男', '年龄': 12}
当前card2为：{'姓名': '派森', '性别': '男', '年龄': 12}
用过clear的card为：{}
```

通过上面的运行结果，我们可以看到，通过pop()函数删除了card中关键字为"爱好"的键值对；通过popitem()函数删除了字典中排在最后的一个键值对；通过copy()函数给字典赋值；通过clear()函数清空了card。

13.5.5 合并与重建函数

我们可以通过update()函数将两个字典合并在一起，也可以通过fromkeys()函数重新组建一个字典，如表13.5所示。

表13.5 合并与重建函数

函 数 名	功 能 描 述
dic.update(dic2)	将dic2合并到dic中
dict.fromkeys(k_list,v)	重新组建dic，键来自序列k_list，所有键的默认值都为v，如果没有v，所有键的默认值都为None

注意：上表中dict.fromkeys(k_list,v)函数所包含的dict为关键字，也可以是任何一个定义过的字典。这个函数中的v为单个的值，得到的字典中所有键对应的默认值都为v。如果没有这个默认值v，则所有键对应的默认值为None。

例如，我们有一个新的字典card3，若将card与card3合并起来，则可以用下面的代码实现：

```
card = {'姓名':'派森','性别':'男','年龄':12,'爱好':'编程','身高': 160}
card3 = {'运动':'足球','体重':50}
card.update(card3)
print('用过update的card为：', card)
```

运行结果如下：

```
用过update的card为： {'姓名': '派森', '性别': '男', '年龄': 12, '爱好': '编程', '身高': 160, '运动': '足球', '体重': 50}
```

又例如，派森想将最喜欢的4门课的成绩添加到字典中，我们可以先用

fromkeys() 函数将关键字添加到字典中，并将默认值都设置为 0，代码如下：

```
mylist = ['语文', '数学', '体育', '美术']
score = dict.fromkeys(mylist, 0)
print('当前成绩单为：', score)
```

运行结果如下：

当前成绩单为： {'语文': 0, '数学': 0, '体育': 0, '美术': 0}

想一想：怎样更改不同科目的成绩呢？

我们接着尝试，如果将上面的关键字 dict 换成一个其他的字典，并且不提供默认分数 0，代码如下：

```
mylist = ['语文', '数学', '体育', '美术']
score2 = {}
score2 = score2.fromkeys(mylist)
print('成绩单score2为：', score2)
```

运行结果如下：

成绩单score2为： {'语文': None, '数学': None, '体育': None, '美术': None}

从结果中我们可以看出，fromkeys 前无论是用关键字 dict 还是一个其他的字典名字，都能达到相同的效果。同时我们也能够总结出，如果不提供默认值，所有键值对的值都默认为 None。

13.6 勇闯"宝石山谷"——字典应用案例 1

派森和鹦鹉已经学习了关于字典的常用知识，现在可以尝试用所学知识走出迷宫了。他们走着走着就来到了"宝石山谷"，这里漫山遍野的各种巨型宝石挡住了他们的去路。他们只有把这些宝石分类清理之后才能继续前行。得到的提示只有下面这样的代码：

```
stone_dic1 = {1:'红宝石', 2:'绿宝石', 3:'蓝宝石', 4:'翡翠', 5:'玛瑙', 6:'钻石', 7:'玉', 8:'金矿石', 9:'银矿石', 0:'琥珀'}
stone = '13643685329965379007642457654387645232356989643563221467896445362356534565237656436855555555554445443565353562535424234323452342568854329843676565455564456342546434632654753665374764178648712647861745712647815417236451378456125483278786127418491259124753
```

第13关 要"名片"的迷宫——字典

```
67815678657824365782612895678149156742346198734651238745624738929142587234879328712141278641784675675674654564654675765675674567856456365654343235478654323478871327867124327451324578135264132262879128736251489271356789567892568921128365738421453627647831726451672835671468351487356178134215648234735676182437567813671648721376543212435678654323456765432345678765456733333326545324356754326743235676873524324356543245643564345676435613246257461287346132856126415641568356871326455323421123456743235676432345698790900009089767068546221552535362123651253
```
'

派森和鹦鹉研究了很久终于弄明白了,在字典stone_dic1中用0~9这10个数字作为键,代表这里的10种宝石,字符串stone就是这漫山遍野的宝石。如何将这些巨型宝石进行分类呢?派森马上想到了在危险的"外交家"那里学习的字符串知识,于是他俩决定用下面的方法先理清头绪:

```
print('宝石总数:', len(stone))
print(stone_dic1[1], '的个数为:', stone.count('1'))
print(stone_dic1[2], '的个数为:', stone.count('2'))
print(stone_dic1[3], '的个数为:', stone.count('3'))
print(stone_dic1[4], '的个数为:', stone.count('4'))
print(stone_dic1[5], '的个数为:', stone.count('5'))
print(stone_dic1[6], '的个数为:', stone.count('6'))
print(stone_dic1[7], '的个数为:', stone.count('7'))
print(stone_dic1[8], '的个数为:', stone.count('8'))
print(stone_dic1[9], '的个数为:', stone.count('9'))
print(stone_dic1[0], '的个数为:', stone.count('0'))
```

在这里,派森首先用len()函数统计字符的总数,也就是宝石的总数量;再通过count()函数分别统计0~9这10个数字出现的次数,也就是统计10种宝石各有多少个。运行结果如下:

```
宝石总数: 809
红宝石 的个数为: 60
绿宝石 的个数为: 90
蓝宝石 的个数为: 106
翡翠 的个数为: 114
玛瑙 的个数为: 128
钻石 的个数为: 124
玉 的个数为: 89
金矿石 的个数为: 64
银矿石 的个数为: 25
琥珀 的个数为: 9
```

注意：字符串的知识请参看本书第10关的相关内容。

通过结果我们很容易得知共有809块巨型宝石，各种宝石的数量也一目了然。现在我们要想办法将这些信息存储为"字典"，因为在这个迷宫里，人们只认识字典。聪明的鹦鹉这次首先想到了办法，代码如下：

```
stone_list = stone_dic1.values()
print('新字典的键:', stone_list)
stone_new = dict.fromkeys(stone_list)
print('新的字典:', stone_new)
```

运行结果如下：

```
新字典的键: dict_values(['红宝石', '绿宝石', '蓝宝石', '翡翠', '玛瑙', '钻石', '玉', '金矿石', '银矿石', '琥珀'])
新的字典: {'红宝石': None, '绿宝石': None, '蓝宝石': None, '翡翠': None, '玛瑙': None, '钻石': None, '玉': None, '金矿石': None, '银矿石': None, '琥珀': None}
```

我们从上面的代码中可以看出，聪明的鹦鹉首先用 values() 函数获得原来字典的值（也就是"宝石名字"）作为新字典的键；之后运用 fromkeys() 函数构建新的字典。因为没有设置默认值，所以所有默认值都为 None。接下来只要将获得的值添加到字典中就完成任务了，代码如下：

```
stone_new['红宝石'] = stone.count('1')
stone_new['绿宝石'] = stone.count('2')
stone_new['蓝宝石'] = stone.count('3')
stone_new['翡翠'] = stone.count('4')
stone_new['玛瑙'] = stone.count('5')
stone_new['钻石'] = stone.count('6')
stone_new['玉'] = stone.count('7')
stone_new['金矿石'] = stone.count('8')
stone_new['银矿石'] = stone.count('9')
stone_new['琥珀'] = stone.count('0')
print('最终的结果:', stone_new)
```

运行结果如下：

```
最终的结果: {'红宝石': 60, '绿宝石': 90, '蓝宝石': 106, '翡翠': 114, '玛瑙': 128, '钻石': 124, '玉': 89, '金矿石': 64, '银矿石': 25, '琥珀': 9}
```

最终完整的代码如下：

```
# 案例宝石山谷
```

第13关 要"名片"的迷宫——字典

```
    stone_dic1 = {1:'红宝石', 2:'绿宝石', 3:'蓝宝石', 4:'翡翠', 5:'玛瑙',
6:'钻石', 7:'玉', 8:'金矿石', 9:'银矿石', 0:'琥珀'}
    stone='1364368532996537900764245765438764523235698964356322146789
6445362365634565237656436855555555554445436535356253542423432345
2342568854329843676565455564456342546346326547536653747641786487126
4786174571264781541723645137845612548327878612741849125912475326781
5678657824365782612895678149156742346198734651238745624738929142587
2348793287121412786417846756756746546465475656756745678564563656543
4323547865432347887132786712432745132457813526413226287912873625148
9271356789567892568921128365738421453627647831726451672835671468351
4873561781342156482347567618243756781367164872137654321243567865432
3456765432345678765456733333326545324565674323567685432432435654
3245643564345676435613246257461287346132856126415641568356871326455
32342112345674323567643234569879090000908976706854622155253536212365
12536'
    # 用字符串相关函数初步分类清理
    print('宝石总数:',len(stone))
    print(stone_dic1[1], '的个数为:', stone.count('1'))
    print(stone_dic1[2], '的个数为:', stone.count('2'))
    print(stone_dic1[3], '的个数为:', stone.count('3'))
    print(stone_dic1[4], '的个数为:', stone.count('4'))
    print(stone_dic1[5], '的个数为:', stone.count('5'))
    print(stone_dic1[6], '的个数为:', stone.count('6'))
    print(stone_dic1[7], '的个数为:', stone.count('7'))
    print(stone_dic1[8], '的个数为:', stone.count('8'))
    print(stone_dic1[9], '的个数为:', stone.count('9'))
    print(stone_dic1[0], '的个数为:', stone.count('0'))
    # 构建新的字典
    stone_list = stone_dic1.values()
    print('新字典的键:', stone_list)
    stone_new = dict.fromkeys(stone_list)
    print('新的字典:', stone_new)
    # 将数量添加到字典中
    stone_new['红宝石'] = stone.count('1')
    stone_new['绿宝石'] = stone.count('2')
    stone_new['蓝宝石'] = stone.count('3')
    stone_new['翡翠'] = stone.count('4')
    stone_new['玛瑙'] = stone.count('5')
    stone_new['钻石'] = stone.count('6')
    stone_new['玉'] = stone.count('7')
    stone_new['金矿石'] = stone.count('8')
    stone_new['银矿石'] = stone.count('9')
    stone_new['琥珀'] = stone.count('0')
    print('最终的结果:', stone_new)
```

13.7 解救鹦鹉——字典应用案例2

派森和鹦鹉刚走出"宝石山谷",鹦鹉就被4个怪物抓住了。怪物们变成了4只大鸟,同时也把鹦鹉变成了一只大鸟。他们说,如果派森找不出谁是鹦鹉,就要把鹦鹉留下。派森知道红头怪变成的鸟的特点是头大,绿头怪变成的鸟的特点是嘴大,黄头怪变成的鸟的特点是脖子粗,蓝头怪变成的鸟的特点是眼睛小。于是派森用了一个字典来记住怪物们:

```
mydict = {'头大':'红头怪', '嘴大':'绿头怪', '脖子粗':'黄头怪', '眼睛小':'蓝头怪'}
```

当一个脖子粗的家伙和一个嘴大的家伙问派森他们是谁的时候,派森用下面的语句轻松地进行了回答:

```
print('脖子粗的是', mydict['脖子粗'])
print('嘴大的是', mydict['嘴大'])
```

运行结果如下:

```
脖子粗的是 黄头怪
嘴大的是 绿头怪
```

怪物们把鹦鹉变成了一个尾巴长的大鸟,他们用的方法是:

```
mydict['尾巴长'] = '鹦鹉'
```

最后派森用排除法找到了鹦鹉,方法如下:

```
del mydict['头大']
del mydict['嘴大']
del mydict['脖子粗']
del mydict['眼睛小']
print(mydict)
```

最后的运行结果如下:

```
{'尾巴长': '鹦鹉'}
```

因此,尾巴长的那只鸟就是鹦鹉啦!他俩成功地破解了4个怪物的难题,继续赶路。完整的代码如下:

```
mydict = {'头大':'红头怪', '嘴大':'绿头怪', '脖子粗':'黄头怪', '眼睛小':'蓝头怪'}
```

第 13 关　要"名片"的迷宫——字典

```
print('脖子粗的是', mydict['脖子粗'])
print('嘴大的是', mydict['嘴大'])
# 添加鹦鹉
mydict['尾巴长'] = '鹦鹉'
# 删除干扰项
del mydict['头大']
del mydict['嘴大']
del mydict['脖子粗']
del mydict['眼睛小']
print(mydict)
```

13.8　解密迷宫地图——字典应用案例 3

派森和鹦鹉来到了迷宫的最后一部分，只见到处都是大大小小的十字路口、三岔路口。墙上刻着一行指引方向的密语：

```
map_str = '#!@*!#@!***#@#@!@!!#@*#*@*!!@#@!@**#@!@#@*'
```

他俩看了半天也没看懂，只好到处寻找线索，最后终于找到了一个指南针和一本厚厚的书。他俩觉得破解密语的方法就在这本书里，于是他俩把书撕成了两部分，又分别开始在书中寻找线索，最后他俩各找到了一些线索。派森把自己找到的线索添加到字典 map_dict1 中，鹦鹉把自己找到的线索添加到字典 map_dict2 中：

```
map_dict1 = {'!':'东', '*':'北'}
map_dict2 = {'@':'西', '#':'南'}
```

我们看到原来密语中的 4 个符号（!、@、#、*）分别代表了 4 个方向（东、西、南、北）。只要他俩把密语翻译成方向，就知道在十字路口或三岔路口处该向哪个方向走了。他俩首先把两部分线索合并为一个完整的线索，代码如下：

```
map_dict1.update(map_dict2)
print(map_dict1)
```

运行结果如下：

```
{'!': '东', '*': '北', '@': '西', '#': '南'}
```

接着他俩用字符串的替换函数 replace() 破解了指路的密语，代码如下：

113

```
map_str = map_str.replace('!', map_dict1['!'])
map_str = map_str.replace('*', map_dict1['*'])
map_str = map_str.replace('@', map_dict1['@'])
map_str = map_str.replace('#', map_dict1['#'])
print(map_str)
```

运行程序后,他俩终于得到了走出迷宫的方向指引,结果如下:

南东西北东南西东北北南西西南西东西东东南西北南北西北东东西南西东西北北南西东西南西北

最终完整的代码如下:

```
map_str = '#!@*!#@!***#@@#@!@!!#@*#*@*!!@#@!@**#@!@#@*'
map_dict1 = {'!':'东', '*':'北'}
map_dict2 = {'@':'西', '#':'南'}
map_dict1.update(map_dict2)
print(map_dict1)
# 破解指路的密语
map_str = map_str.replace('!', map_dict1['!'])
map_str = map_str.replace('*', map_dict1['*'])
map_str = map_str.replace('@', map_dict1['@'])
map_str = map_str.replace('#', map_dict1['#'])
print(map_str)
```

派森和鹦鹉按照这些方向指引,最终走出了这座迷宫。这真是一次危险的经历,虽然他俩已经精疲力尽了,但是仍开怀大笑起来。

第 14 关

两个脑袋的守护者——逻辑运算

本关要点：
了解逻辑运算的本质；
掌握逻辑运算符的运用方法；
掌握逻辑运算符连续运用的方法。

派森和鹦鹉的眼前是一片一望无际的大海，鹦鹉说，他俩要找的王宫就在大海中心的一座孤岛上，这片海是保护 Python 王宫最重要的一道屏障，海水中有一只双头章鱼守护者，几乎没有人能够逃脱它的"魔爪"。鹦鹉知道双头章鱼的绝招只有一个——逻辑运算，只要通晓了逻辑运算，就有可能打败它。

派森和鹦鹉的小船划出去没多远，一只巨型章鱼就掀起了惊涛骇浪。它将双头探出水面，嚣张地说，在吃掉他俩之前，给他俩一次学习机会，如果能战胜它聪明的头脑，就放他俩过海。

读故事学编程——Python 王国历险记

14.1 "守护者绝招"的本质——0 和 1

双头章鱼说，计算机程序的本质就是两个数字——0 和 1，程序里所有的事情都可以通过 0 和 1 的不同组合来表示，因此 Python 王宫的本质也是 0 和 1。双头章鱼作为守护者，精通"逻辑运算"，而逻辑运算的本质也是 0 和 1，0 代表 False（不能成立的条件），1 代表 True（能够成立的条件）。

Python 王宫有两个非常重要的组成部分（即两种控制方式）：一是判断在满足什么样的条件下执行某些程序——"条件判断语句"；二是判断在满足什么样的条件下重复执行某些程序——"循环控制语句"。大部分程序都离不开这两种控制方式，而两者中的条件语句的本质就是 True 或 False。当条件为 True 的时候执行程序，当条件为 False 的时候不执行程序。

关于 True 与 False 还有一个小秘密：在数值运算中，True 可以作为 1 来使用，False 可以作为 0 来使用。例如下面的代码：

```
print(10 + True)
print(10 * False)
```

运行结果如下：

```
11
0
```

注意：循环控制语句和条件判断语句的知识请参看本书第 16 关、第 17 关的相关内容。

14.2 两个脑袋都同意才可以——and

双头章鱼有两个脑袋，却可以做 3 种类型的逻辑运算。第一种是逻辑"且"运算，用"and"表示。将两个条件放于"and"的两侧，只有两个条件都为 True 时整个语句才为 True，只要有一个条件为 False 则整个语句都为 False。就像章鱼的两个脑袋共同决定一件事情，只有两个脑袋都同意的时候才能进行相应的操作，如图 14.1 所示。

例如，第一个脑袋要求来访者有一个人叫"派森"，第二个脑袋要求来访者人数不能比 1 个人少，两个条件都满足了，双头章鱼就会吃掉来访者，代码如下：

第 14 关　两个脑袋的守护者——逻辑运算

图 14.1　逻辑"且"运算示意图

```
name = '派森'       # 来者名字
num = 2            # 来者人数
result = name == '派森' and num >= 1
print('要不要吃:', result)
```

我们可以发现"and"两侧的条件都成立，且都为 True，因此最终的运行结果如下：

要不要吃：　True

14.3　有一个脑袋同意就可以——or

第二种是逻辑"或"运算，用"or"表示。同样将两个条件放于"or"的两侧，只要有一个条件为 True，则整个语句就为 True。就像双头章鱼决定一件事，只要有一个脑袋同意就可以了，另一个脑袋无论点头或摇头都不影响最后的结果，如图 14.2 所示。

图 14.2　逻辑"或"运算示意图

例如，可以通过逻辑"或"运算判断两个来访者中是否有"人"。只要有一个是"人"，最终的结果就为 True，代码如下：

```
body1 = '人'
body2 = '鸟'
result = body1 == '人' or body2 == '人'
print('至少来了一个人:', result)
```

运行结果如下：

```
至少来了一个人： True
```

14.4 两个脑袋"对着干"——not

第三种是逻辑"非"运算，用"not"表示。只要将"not"放于某个条件前面，就会得到与原来条件相反的结果。例如，原来的条件为 True，加上"not"之后就变成了 False；原来的条件为 False，加上"not"之后就变成了 True。这就像双头章鱼的两个脑袋闹意见，就是要对着干，其中一个脑袋说了一个条件，另一个脑袋加一个"not"，就变为相反结果了，如图 14.3 所示。

图 14.3 逻辑"非"运算示意图

例如，我们可以用"not"来改变双头章鱼的必胜状态，代码如下：

```
result = True
print('双头章鱼是必胜的吗?', result)
result = not result
print('双头章鱼是必胜的吗?', result)
```

第 14 关　两个脑袋的守护者——逻辑运算

运行结果如下：

```
章鱼是必胜的吗？ True
章鱼是必胜的吗？ False
```

14.5　两个脑袋做 100 个脑袋做的事情——逻辑运算符的连续运用

有时候需要综合运用多个条件进行判断，而一个逻辑运算符只能连接两个条件，这时候的解决方法就是"再添加一个逻辑运算符"。例如，让双头章鱼判断用 2 个"and"连接的 3 个条件，它的处理方法是先处理前两个条件，让第一个脑袋记住结果，再用结果和第三个条件进行计算。同样的道理可以处理更复杂的条件，即使有 100 个条件也没有问题。因此，双头章鱼说它的 2 个脑袋能做 100 个脑袋能做的事情。

例如，我们要找一个名叫派森、年龄不小于 10 岁的小男孩，这就需要同时满足 3 个条件：名叫派森、年龄大于或等于 10、性别为男。这时我们需要用到两个"and"，代码如下：

```
name = '派森'
sex = '男'
age = 12
result = name == '派森'and sex == '男' and age >= 10
print('找到了名叫派森，年龄不小于10岁的小男孩了吗？ ', result)
```

运行结果如下：

```
找到了名叫派森，年龄不小于10岁的小男孩了吗？ True
```

同我们做数学题一样，如果表达式中有需要优先计算的部分，也可以给这部分添加括号。例如，我们要找到派森或鹦鹉、性别为男、年龄不大于 20 或大于 50 的对象，代码如下：

```
name = '鹦鹉'
sex = '男'
age = 100  # 鹦鹉的年龄
result = (name == '派森'or name == '鹦鹉')and sex == '男' and (age <= 20 or age > 50)
print('找到了吗？ ', result)
```

表达式中带括号的部分优先计算，最终运行结果如下：

```
找到了吗？ True
```

14.6 守护者的数字难题——逻辑运算应用案例 1

守护者双头章鱼收起了笑容，它要考验派森和鹦鹉了。它要求派森和鹦鹉必须同时答对 3 个问题，否则就会吃掉他俩。这 3 个问题分别是：这片海最深的地方有多少米？这片海里有多少种鱼？双头章鱼有多少只触角？这些题目快把派森难倒了，他只悄悄地数出了双头章鱼有 28 只触角，而对于其他的两个问题他不知道怎么回答。鹦鹉灵机一动，提示可以用比较运算符——大于、小于。他们解决问题的方法如下：

```
deep = 9999                                    # 海的深度
fish = 20000                                   # 鱼的种类
feet = 28                                      # 双头章鱼触角的数量
result = deep > 5000 and fish > 10000 and feet == 28 # result代表最终结果
print('3个问题都答对了吗？', result)
```

派森他俩虽然不知道这片海具体有多深，但他们觉得一定大于 5000 米；他俩也不知道这片海里具体有多少种鱼，但是种类一定多于 10 000 种；他们可以确定的是双头章鱼有 28 只触角。因此，最后的运行结果如下：

```
3个问题都答对了吗？ True
```

14.7 守护者的牙齿难题——逻辑运算应用案例 2

双头章鱼张开大嘴，露出了无数颗巨大的牙齿，这次的考题就是说出它有多少颗牙齿，而且必须是准确数字，不能用"大于""小于"这些运算符。鹦鹉和派森为了争取时间，反复向双头章鱼提问问题，在它回答问题的时候数它的牙齿。最后，派森数出双头章鱼有 108 颗牙，鹦鹉数出双头章鱼有 107 颗牙。他俩决定用逻辑"或"回答，因为只要有一个人答对了就可以，代码如下：

```
num1 = 108                                     # 派森的答案
num2 = 107                                     # 鹦鹉的答案
answer = 107                                   # 正确的答案
```

第 14 关 两个脑袋的守护者——逻辑运算

```
result = num1 == answer or  num2 == answer    # result代表最终结果
print('是否答对：', result)
```

运行结果如下：

```
是否答对： True
```

14.8　守护者的第三个难题——逻辑运算应用案例3

派森和鹦鹉连续答对了难题，双头章鱼很生气，它下定决心要吃掉他俩。于是它的两个脑袋用"and"说了两个条件：想吃为 True、想吃的数量为 2。双头章鱼的代码如下：

```
eat = True                                # 双头章鱼想吃的想法
num = 2                                   # 双头章鱼想吃的数量
result = eat == True and num == 2         # 最后的结果
print('吃否：', result)
```

运行结果如下：

```
吃否： True
```

这下怎么办？派森突然想到第三种逻辑运算——"非"。于是他只修改了一行代码：

```
result = not result
```

最后的代码如下：

```
eat = True                                # 双头章鱼想吃的想法
num = 2                                   # 双头章鱼想吃的数量
result = eat == True and num == 2         # 最后的结果
result = not result                       # 派森修改后的结果
print('吃否：', result)
```

运行结果如下：

```
吃否： False
```

双头章鱼再也没有难题了，"轰隆——"一声巨响，它变成了一个只有手掌大小的家伙，灰溜溜地跳到海里逃跑了。派森和鹦鹉的小船向着国王的"中心岛"划去。他们想着马上就能见到国王了，心里别提有多高兴了。

第 15 关

后花园的秘密——复习

本关要点：
掌握用列表存储字典数据的方法；
掌握用字典描述事物的方法；
初步了解循环控制和条件语句；
掌握用字符表示方向的方法；
熟练运用处理字符串的相关函数。

派森和鹦鹉被一只大鸟抓住，又从半空中被扔进了巫婆的后花园。鹦鹉听人说过，巫婆的后花园里藏着很多秘密。派森发现他们被很多玫瑰包围着，看来要想离开这里必须先破解后花园的秘密。

15.1 清理毒玫瑰花丛

派森和鹦鹉被玫瑰团团困住，不敢贸然到处走动。鹦鹉说，很多玫瑰被巫

第 15 关　后花园的秘密——复习

婆施了魔法，有剧毒，一定要将有毒的玫瑰清理掉。于是，派森和鹦鹉开始合作编写清理毒玫瑰的程序。这里的玫瑰用字典来表示：roseBad 代表毒玫瑰，roseGood 代表正常玫瑰，二者的区别主要体现在"毒性"这个属性上。这里使用了 for 循环语句和条件 if...else 语句，大家只需要知道这两种语句分别用于循环执行某个程序和进行条件判断就可以了，细节问题会在本书后面的内容中详细学习。派森他俩编写的代码如下：

```
import random
roseList = []                                              # 存储玫瑰的列表
roseBad = {'name':'rose', 'color':'红色', '毒性':'强'}    # 代表毒玫瑰
roseGood = {'name':'rose', 'color':'红色', '毒性':'弱'}   # 代表正常玫瑰
for i in range(500):
    num = random.randint(1, 100)
    if num < 50:
        roseList.append(roseBad)
    else:
        roseList.append(roseGood)

numOfBad = 0      # 毒玫瑰数量
numOfGood = 0     # 正常玫瑰数量
for rose in roseList:
    if rose['毒性'] == '强':
        numOfBad+=1
        rose['毒性'] == '弱'
    else:
        numOfGood += 1
print('共发现毒玫瑰数量为', numOfBad, '发现正常玫瑰数量为', numOfGood,
'毒玫瑰已经全部清理！')
```

通过随机函数，对 500 朵玫瑰随机分配有毒玫瑰，并存储在列表 roseList 中。然后用 for 循环语句对列表 roseList 中的每一朵玫瑰的毒性进行判断，统计毒玫瑰和正常玫瑰的数量，分别存储在变量 numOfBad 与 numOfGood 中。运行结果如下：

```
共发现毒玫瑰数量为 247 发现正常玫瑰数量为 253 毒玫瑰已经全部清理！
```

15.2　寻找宝匣子

清理完毒玫瑰花丛，派森和鹦鹉开始寻找花园里的宝匣子。寻找宝匣子之

前，首先需要找到标明方向的地图，在这里方向通过字符形成的"+"表示，"*"所在的方向就是指出的方向。方向通过 for 循环语句分 10 次指出，最后地图方向存储在列表 directionList 中，完整代码如下：

```
import random
directionList = [] # 存储方向的列表
for i in range(10):
    num=random.randint(1, 12)
    if num <= 3:
        print(' ' + '*')
        print('&' * 3)
        print(' ' + '&')
        direction = input('根据上图推测方向为:')
        directionList.append(direction)
    elif num > 3 and num <= 6:
        print(' ' + '&')
        print('&' * 3)
        print(' ' + '*')
        direction = input('根据上图推测方向为:')
        directionList.append(direction)
    elif num > 6 and num <= 9:
        print(' ' + '&')
        print('*' + '&' * 2)
        print(' ' + '&')
        direction = input('根据上图推测方向为:')
        directionList.append(direction)
    elif num > 9 and num <= 13:
        print(' ' + '&')
        print('&' * 2 + '*')
        print(' ' + '&')
        direction = input('根据上图推测方向为:')
        directionList.append(direction)
print('最终的方向为:', directionList)
print('你找到了宝匣子！')
```

运行代码，结果如下：

```
 &
&&&
 *
根据上图推测方向为:下
 &
&&&
```

第15关 后花园的秘密——复习

```
 *
根据上图推测方向为:下
 &
*&&
 &
根据上图推测方向为:左
 &
*&&
 &
根据上图推测方向为:左
 &
&&&
 *
根据上图推测方向为:下
 &
*&&
 &
根据上图推测方向为:左
 &
*&&
 &
根据上图推测方向为:左
最终的方向为:   ['下', '下', '左', '左', '下', '左', '左']
你找到了宝匣子!
```

15.3 宝匣子里面有什么

派森和鹦鹉找到了宝匣子,却发现它被一个生了铁锈的秘密锁锁着。如何破解这个秘密锁呢?派森正在发愁,突然他发现宝匣子背面写着一行长长的符号——"!@#*$%^*&^$@#$*&^^$!@@#*$%^#@#$*%^$#",并且说密码就在"*"里。派森决定以"*"为间隔符号将这一行长长的符号分为几个小段,用每段符号的长度作为密码试一试。代码如下:

```
mytxt = '!@#*$%^*&^$@#$*&^^$!@@#*$%^#@#$*%^$#'
print('密码就隐藏在咒语中',mytxt)
myList = mytxt.split('*')
for i in myList:
    print(len(i))
print('宝匣子打开了,从里面跳出来一只青蛙!')
```

运行结果如下:

密码就隐藏在咒语中 !@#*$%^*&^$@#$*&^^$!@@#*$%^#@#$*%^$#
3
3
6
8
7
4
宝匣子打开了,从里面跳出来一只青蛙!

15.4 口吐宝石的青蛙

宝匣子里竟然跳出来一只青蛙,除此之外什么也没有。每当青蛙想开口说话时,它的嘴里就会被各种各样的宝石塞满。为了帮助青蛙发声,派森和鹦鹉决定先清理它嘴里的各种宝石。他们用一个字典 mydic 存储各种宝石的名称和代表的符号,完整代码如下:

```
mydic = {'@':'金子', '#':'钻石', '$':'珍珠', '%':'红宝石', '&':'蓝宝石'}
words = '@#$&%$#@$%&&&@$@$#@@#$#@#$#@#&&@#$#@#$%$%$@$#@$%$@@&&&@$&%\
&#@&#@$@&@$@#&&&@$@#@%@$#@$@%#$$%$#@#$%$#$$#@#@#$%$#&&&&'
print('现在开始清理青蛙嘴里塞满的各种宝石!')
print(mydic['@'], words.count('@'))
print(mydic['#'], words.count('#'))
print(mydic['$'], words.count('@'))
print(mydic['%'], words.count('%'))
print(mydic['&'], words.count('&'))
print('青蛙可以开始说话啦!')
```

运行结果如下:

现在开始清理青蛙嘴里塞满的各种宝石!
金子 29
钻石 25
珍珠 26
红宝石 13
蓝宝石 22
青蛙可以开始说话啦!

第 15 关　后花园的秘密——复习

15.5　破解青蛙身上的咒语

青蛙虽然能开口说话了，但是它总是重复奇奇怪怪的符号——"*\'!@587$#!(*4$ +$ ~ &5(@~= &$_0 +$!"。鹦鹉从井边捡到了一本破旧的"咒语书"，里面只有两行符号"~<@#$%^&*()_+=-0987654321\`'"与"ABCDEFGHIGKLMNOPQRSTUVWXYZ"。于是，派森大胆地尝试用字符串中的 maketrans() 函数和 translate() 函数破解青蛙的符号，代码如下：

```
words2 = '*\'+@587$#!(*4$+$~&5(@~=&$_0+$!'
mytable2 = ''.maketrans('~<@#$%^&*()_+=-0987654321`','ABCDEFGHIGKLMNOPQRSTUVWXYZ')
print(words2.translate(mytable2))
print('派森拥抱了青蛙，青蛙变为王子！')
```

运行结果如下：

```
I'M CURSED! GIVE ME A HUG CAN HELP ME!
派森拥抱了青蛙，青蛙变为王子！
```

通过结果可以看出，青蛙的话变成了英语，意思是"我被施了咒语！拥抱我就能破解咒语！"。于是，派森抱紧了青蛙，青蛙立刻变成了一位王子。王子非常感谢他们，并带领他们走出了后花园。

第 16 关

解救农场小奴隶——循环控制

本关要点：
了解循环控制的作用；
掌握 for 循环、while 循环及 range() 函数；
掌握 break 语句和 continue 语句的使用方法。

这天派森和鹦鹉路过一个很大的农场，里面种满了各种庄稼，一眼望不到边。在农场的门口坐着一个又黑又瘦的小男孩，他一边抹着眼泪，一边重复着相似的一句话：

```
num = 0
num = num + 1
num = num + 2
num = num + 3
num = num + 4
...
```

第 16 关　解救农场小奴隶——循环控制

原来小男孩是这个农场的小奴隶，农场主总是让他做一些复杂的工作。农场的苹果树林中一共有 100 棵苹果树，第 1 棵苹果树结了 1 个苹果，第 2 棵苹果树结了 2 个苹果，第 3 棵苹果树结了 3 个苹果……第 99 棵苹果树结了 99 个苹果，第 100 棵苹果树结了 100 个苹果。农场主让小奴隶算出这些苹果树一共结了多少个苹果。小奴隶很努力地算，可是总出错，于是委屈地哭了。听到这里，鹦鹉却笑了，说它有办法很快算出结果。派森和小奴隶都很好奇，让鹦鹉快讲。

16.1　鹦鹉的"秘方"——循环控制

鹦鹉只说出了 4 行代码就算出了苹果的总数为 5050 个。派森和小奴隶都不敢相信这个结果是正确的。因为按照小奴隶之前的算法，至少需要 100 多行代码才能得到最终的结果。于是鹦鹉说出了它使用的"秘方"——循环控制。

循环控制能够极大地减少重复性的劳动。例如，我们要输出 10 次"你好，派森"，我们可能会这样写代码：

```
print('你好，派森')
print('你好，派森')
print('你好，派森')
print('你好，派森')
print('你好，派森')
print('你好，派森')
print('你好，派森')
print('你好，派森')
print('你好，派森')
print('你好，派森')
```

如果我们使用循环控制，代码就可以简化为这样的两行代码：

```
for i in range(10):
    print('你好，派森')
```

也许你觉得由 10 行代码简化为 2 行代码不够神奇，那么如果我们在把上面的 10 次改为 10 000 次的时候仍然用 2 行代码实现，你是不是就能感受到"循环"的厉害了呢？因此，循环控制非常重要。

循环控制就是在满足设定条件的前提下，重复执行相应的程序，实现相同的功能。这里的"相同"指的是代码的形式及所实现功能的类型是相同的，而不仅仅是数值相等。例如，在鹦鹉帮助小奴隶计算苹果数量的案例中，每次都是将新的一棵苹果树所结的苹果数加到总和里,每次所加的数值肯定不相等,但是每次循环都是"加上新的数量"这一功能是相同的。循环在编程中使用频率非常高,它能够让我们减少重复性的劳动,极大地提高编程的效率。就像本关开头的案例,鹦鹉只用了4行代码就实现了小奴隶用100多行代码才能实现的功能,代码如下:

```
num = 0
for i in range(1, 101):
    num += i
print(num)
```

在 Python 语言中,关于循环有两头"猛兽"——"for 循环"与"while 循环"。其中"for 循环"比较温顺,愿意服从人们的指挥;"while 循环"则容易发狂,所以就需要严加看护。这两种循环各有优势:for 循环语法精简,在编程中使用频率较高,用于限定次数的循环;而 while 循环能够处理更加复杂的条件,可以用于不限次数的循环。

16.2 温顺的"猛兽"——for 循环

for 循环是一头比较温顺的"猛兽",也是我们在编程中用得比较多的循环形式,我们可以用它来遍历各种序列。通俗点讲,遍历就是"一个挨着一个地检查",如学校组织的体检活动就可以被理解为医生在"遍历"接受体检的学生。

序列可以被理解为"按一定顺序排列的数据"或者"有编号的数据",就像学校里带有学号的学生,老师叫到某一个学号,就有对应的学生站起来。在序列中也是一样的,只不过数据的"学号"被称为"索引",我们可以通过索引值找到对应的数据。常见的序列包括字符串、元组和列表。for 循环遍历序列的语法结构,如图 16.1 所示。

例如,我们可以把喜欢的水果存储在一个列表中,通过 for 循环依次输出水果的名字,代码如下:

```
myFruit = ['apple', 'peach', 'banana']
for i in myFruit:
    print(i)
```

注意:序列的索引值从左往右从"0"开始,依次递增;从右往左从"-1"开始,依次递减。

第 16 关　解救农场小奴隶——循环控制

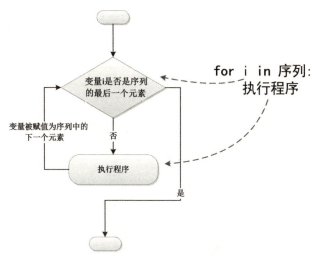

图 16.1　for 循环示意图

16.3　range() 函数

range() 函数通常与 for 循环合作，组成遍历数字序列的最常见方法。使用 range() 函数不需要定义数字序列，只要填上数字参数，其就会自动生成相应的数字序列。range() 函数的参数分为 3 种情况：一个参数、两个参数、三个参数。

第一种情况，range() 函数只有一个参数，语法如下：

```
for i in range(n):
    执行程序
```

在这种情况下，在循环的过程中，会依次为 i 赋值，赋值范围为 0~n-1，每次递增值为 1。例如，下面的代码运行后的结果为 0~4。

```
for i in range(5):
    print(i)
```

第二种情况，range() 函数有两个参数，语法如下：

```
for i in range(n, m):
    执行程序
```

在这种情况下，在循环的过程中，会依次为 i 赋值，赋值范围为 n~m-1，

131

每次递增值为 1。这里的 n 是为 i 赋值的起始值，如果在 range() 函数中不安排这个参数，则起始值默认为 0。例如，下面的代码：

```
for i in range(1, 5):
    print(i)
```

第三种情况，range() 函数有三个参数，语法如下：

```
for i in range(n, m, l):
    执行程序
```

在这种情况下，在循环的过程中，会依次为 i 赋值 n～m-1，每次递增值为 l。l 被称为"步长"，是指每次变化的数值长度。如果 range() 函数不设置步长参数，步长默认为 1。需要说明的是，步长 l 也可以为负值，这意味着每次对 i 的赋值比上一次小"l 的绝对值"。例如，下面代码的运行结果为"1, 3"。

```
for i in range(1, 5, 2):
    print(i)
```

总结一下，range() 函数能够根据参数生成一个数字序列。range() 函数中的 3 个参数 n、m、l 分别代表起始值、长度、步长。其中 n、l 可以省略，默认值分别为 0、1，最终结果如图 16.2 所示。

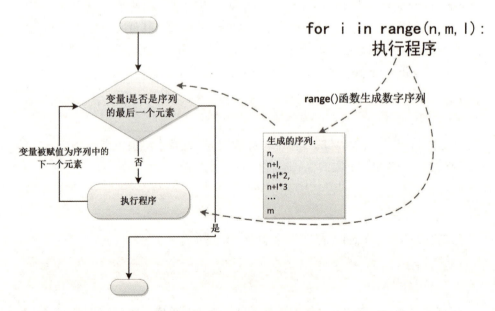

图 16.2　range() 函数示意图

第 16 关 解救农场小奴隶——循环控制

16.4 更聪明的"猛兽"——while 循环

与 for 循环相比，while 循环是一只大脑更加聪明的"猛兽"，它能够处理更加复杂的条件，但也更容易发狂。不过我们不用害怕，while 循环的关键也在于判断条件，只要设置好控制条件，就能让 while 这只"猛兽"乖乖地听从我们的命令。while 循环的语法如图 16.3 所示。

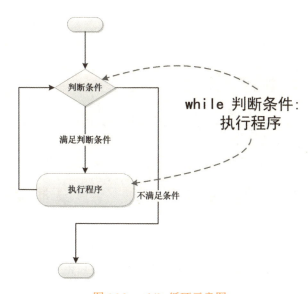

图 16.3 while 循环示意图

在 while 循环中，只要满足判断条件（即判断条件为 True），就会执行相应的程序。在下面的代码中，for 循环与 while 循环实现了相同的功能：

```
# for循环实现遍历0~4
for i in range(5):
    print(i)
# while循环实现遍历0~4
i = 0
while i < 5:
    print(i)
    i += 1
```

通过上面的案例可以看出，要实现与 for 循环相同的功能，while 循环需要先设定一个初始条件 i = 0，在执行部分更改条件 i += 1，这样才能通过判定条件 i<5 限定循环次数。这样看好像 while 循环更复杂一些，但它也有 for 循环不具备的优势：可以处理更加复杂的条件，只要条件为 True 就可以执行程序。例如，可以设定某数的平方为判断条件，代码如下：

```
i = 1
while i * i < 25:
    print(i)
    i += 1
```

运行结果为：

```
1
2
3
4
```

说明：上例中的功能也可以通过 for 循环与条件语句配合实现。条件语句的知识请参看本书第 17 关的相关内容。

16.5 爱发狂的"猛兽"——无限循环

上面我们说到，while 循环特别容易发狂，体现在程序中就是无休止地执行程序，我们称之为"无限循环"。如下面的代码，当猛兽发狂的变量为 True 的时候，运行程序后猛兽就会没完没了地"嗷嗷"叫。

```
crazy = True  # 代表猛兽是否发狂的变量
while crazy:
    print('嗷嗷！')
```

在这种情况下，我们只能按 Ctrl+C 组合键来强制终止程序，或关掉程序运行窗口。while 循环的这个特点有时候确实会为我们带来很大的困扰，但是有时候我们却需要利用它的这个特点来帮助我们完成一些特殊的任务——不确定次数地循环控制。

例如，农场里养的一群鸡每天都会下很多鸡蛋，但是每天下的鸡蛋数量却不确定，农场主每天都要把当天的鸡蛋数量计入总数中，而且不知道要计算到哪一天。在这种情况下，"有限循环"就很难完成任务了，这时需要让 while 循环来帮忙，代码如下：

第16关 解救农场小奴隶——循环控制

```
sumegg = 0 # 鸡蛋总数
while 1:
    eggEveryday = input('今天得到多少个鸡蛋？')
    eggEveryday = int(eggEveryday)
    sumegg += eggEveryday
    print('鸡蛋总数为:', sumegg)
```

运行程序，只要你愿意，可以一直计算下去，运行结果如下：

```
今天得到多少个鸡蛋？199
鸡蛋总数为：199
今天得到多少个鸡蛋？206
鸡蛋总数为：405
今天得到多少个鸡蛋？182
鸡蛋总数为：587
今天得到多少个鸡蛋？
…
```

16.6 制服"猛兽"的两把利剑——break 语句和 continue 语句

这里我们要介绍制服 for 循环与 while 循环的两把利剑——break 语句和 continue 语句，这两把利剑能在不同程度上让循环停止或暂停。break 语句能够让程序直接退出循环，继续执行循环后面的程序；而 continue 语句能够让程序跳过这一次的循环，开始下一次的循环。

例如，一次循环的任务是转 5 圈之后再往前走 10 步。假如我们在转第 4 圈的时候使用了 break 语句，程序就会停止转圈直接向前走 10 步；假如我们在第 3 圈转到一半的时候使用了 continue 语句，程序就会跳过第 3 圈直接转第 4 圈，转满 5 圈之后再向前走 10 步。这个案例体现在程序中是这样的：

```
# 正常情况
for i in range(1, 6):
    print('转了第', i, '圈')
print('前进10步')
# 用了break语句的情况
for i in range(1, 6):
    if i == 4:
        break
```

```
        print('转了第', i, '圈')
print('前进10步')
# 用了continue语句的情况
for i in range(1, 6):
    if i == 3:
        continue
    print('转了第', i, '圈')
print('前进10步')
```

运行结果如下:

```
转了第 1 圈
转了第 2 圈
转了第 3 圈
转了第 4 圈
转了第 5 圈
前进10步
转了第 1 圈
转了第 2 圈
转了第 3 圈
前进10步
转了第 1 圈
转了第 2 圈
转了第 4 圈
转了第 5 圈
前进10步
```

16.7　循环条件中的小技巧——len() 函数的应用

在循环条件中，len() 函数是一个非常有用的工具，它能够直接给出序列的长度，为循环提供极大的方便。如果将序列赋值给一个变量，在我们改变变量赋值的时候，原来的代码依然能够"智能化"地循环。

```
# 用len()遍历字符串
mystr = '我叫派森'
for i in range(len(mystr)):
    print('字符串:', mystr[i])
# 用len()遍历列表
mylist = ['apple', 'peach', 'pear']
for i in range(len(mylist)):
    print('列表', mylist[i])
```

第16关 解救农场小奴隶——循环控制

```
# 用len()遍历元组
mytuple=(1, 3, 78)
for i in range(len(mytuple)):
    print('元组', mytuple[i])
```

运行结果如下：

```
字符串： 我
字符串： 叫
字符串： 派
字符串： 森
列表 apple
列表 peach
列表 pear
元组 1
元组 3
元组 78
```

同样的功能也可以用while循环来实现，代码如下：

```
# 用while循环来实现
i = 0
while i < len(mystr):
    print('字符串:', mystr[i])
    i += 1
```

16.8 农场主的第一个难题：整理仓库

农场主是一个有大肚子的矮胖男人，如果要他释放小奴隶，就必须帮他解决两个难题。第一个难题，农场主要求派森他们帮忙整理粮食仓库。这个仓库共有1000袋带有编号的粮食，每5袋粮食摆成一摞，最下面的1袋已经坏掉；同时仓库中有一只到处跑的老鼠，它会藏在其中某一个袋子里，如果在整理仓库的时候发现老鼠，应停止整理，抓住老鼠。

派森、鹦鹉和小奴隶3个人略加思考就说出了解决方案，完美地解决了这个难题，具体代码如下：

```
import random
totalNum = 1000                    # 粮食总袋数
checkNum = 0                       # 已经清点过的粮食总袋数
badNum = 0                         # 清点过的坏了的粮食袋数
```

读故事学编程——Python 王国历险记

```
mouseNum = random.randint(1, totalNum)   # 老鼠藏在第几个袋子里
for i in range(1, totalNum + 1):
    checkNum += 1
    if i == mouseNum:
        print('在第%d袋粮食中找到老鼠了' % i)
        break
    if i % 5 == 0:
        print('第 % d袋粮食坏了' % i)
        badNum += 1
        continue
print('抓住老鼠之前清点了 % d袋粮食,其中 % d粮食坏掉了' % (checkNum,badNum))
```

我们来看一下他们都说了什么。首先引入随机数模块，用来设置老鼠的随机位置；然后设置了 4 个变量 totalNum（粮食总袋数）、checkNum（已经清点过的粮食总袋数）、badNum（清点过的坏了的粮食袋数）、mouseNum（老鼠藏在第几个袋子里）。通过 for 循环挨袋检查粮食，如果编号能被 5 整除，说明此袋是坏的。如果遇到了老鼠所在的袋子，整理仓库的工作就会停下来，输出截至目前共清点了多少袋粮食，其中坏掉了多少袋。需要说明的是，程序中的 if 语句是条件语句，当满足其之后的条件时执行后面的程序，条件语句我们会在下一关详细讲解。

说明：求余问题的知识请参看本书第 9 关的相关内容；变量的知识请参看本书第 8 关的相关内容。

16.9　农场主的第二个难题：计算产量

接着，农场主又提出了第二个难题。他有一大片田地，是按照下面的方法收获粮食的：第 1 块田地收 1×1=1 千克粮食，第 2 块田地收 2×2=4 千克粮食，第 3 块田地收 3×3=9 千克粮食，依次类推……如何才能让他随便说出种植多少块田地，并瞬间就能计算出收获粮食的总重量。

鹦鹉、派森和小奴隶都在努力地想办法。你也想一想怎样编写程序代码才能满足农场主的要求。突然，派森想出了办法，并写出了下面的代码：

```
mySum = 0 # 代表总重量
myNum = input('请输入田地块数:')
myNum = int(myNum)
```

138

第 16 关　解救农场小奴隶——循环控制

```
for i in range(myNum):
    mySum += i ** 2
print('总重量为：', mySum)
```

派森胸有成竹地为大家解释代码。首先给代表总重量的变量 mySum 赋值 0；接着让农场主输入田地块数，因为通过 input() 函数获得的是字符串类型数据，所以下一行代码将数据变为整数类型；然后通过循环依次对田地块数进行平方运算，并将结果添加到总重量 mySum 上；最后循环结束，通过 print 语句输出粮食的总重量。

大家听了都拍手叫好，马上开始运行程序。可是当大家输入 1 的时候，输出的结果是 0；输入 2 的时候，输出的结果是 1；输入 3 的时候，输出的结果是 5……到底是哪里错了？你也帮他们想一想到底是哪里错了？最后鹦鹉发现了问题，它只改了一个地方就解决了问题，即将代码 myNum = int(myNum) 改为 myNum = int(myNum) + 1。原来他们都忘了 range() 函数是从 0 开始计算的，这与序列的索引值一样。修改后的代码如下：

```
mySum = 0                          # 代表总重量
myNum = input('请输入田地块数：')
myNum = int(myNum) + 1             # 注意这里要加1
for i in range(myNum):
    mySum += i ** 2
print('总重量为：', mySum)
```

注意 1：range() 函数的索引值是从 0 开始计算的，这与序列的索引值一样。
注意 2：平方的知识请参看本书第 9 关的相关内容。

尽管派森他们已解决了两个难题，但农场主还不满足。他说，如果派森他们能够只改动一点点代码就让粮食总重量增加 10 000 倍，就一定释放小奴隶。这一次小奴隶第一个想出了办法，他把程序中的 mySum += i ** 2 改为 mySum += 2 ** i。原来输入 100 的结果是 338 350 千克，改后输入 100 的结果是 2 535 301 200 456 458 802 993 406 410 751 千克，改后结果是之前结果的 7 493 131 965 291 735 785 409 801 倍。

小奴隶在派森和鹦鹉的帮助下终于获得了自由。

想一想：为什么程序中把 i ** 2 改为 2 ** i 差距会如此大呢？

第 17 关

王宫的"守门人"——条件语句

本关要点：
了解条件语句的作用；
掌握 if、if...else、if...elif...else 语句的使用方法。

经过千辛万苦，派森和鹦鹉终于来到了国王的宫殿前面，想着马上就能见到国王了，他心里别提有多高兴了。突然几个守门人拦住了去路，说出了派森从来没见过的语句，就像下面这样：

```
door = False   # 代表是否想进入王宫
if door == True:
    print('先回答我的问题！')
```

派森看懂了其中一部分：print('先回答我的问题')是输出字符串的意思，之前遇到鹦鹉时它就喜欢这么说话；door = False 是给变量赋值的意思，他从之前遇到的巫师那里学会了变量的使用方法。可是 if 是什么意思呢？他把这些代码输入计算机，运行之后，什么也没有发生。于是他向好朋友鹦鹉请教，鹦鹉又开始给他上课啦。

注意： print() 函数的知识请参看本书第 1 关的相关内容，变量的知识请参看本书第 8 关的相关内容。

第 17 关　王宫的"守门人"——条件语句

17.1　if 就是谈条件

鹦鹉告诉派森，千万别小看王宫的守门人，他们的亲戚（都是 if 类）在 Python 王国的很多地方都发挥着重要的作用，小到大家的日常生活，大到王国的存亡。if 语句就是谈条件，也就是条件判断。例如，守门人就相当于条件判断语句，派森就是其中的条件，只有满足判断条件的时候才能进入王宫，也就是执行相应的程序，如图 17.1 所示。

图 17.1　条件语句示意图

这个语句发挥的作用就是判断满足某一个条件的时候执行什么程序。翻译成人类的语言就是"如果满足……条件，那么执行……操作"，如图 17.2 所示。派森好像有一点明白了，马上问道："如果一双鞋子的尺码和我的脚的尺码是一样的，那么我就能把鞋子穿在脚上。这就是一个条件判断语句吗？"鹦鹉竖起了大拇指说："你已经基本上理解了条件语句的作用。"

141

读故事学编程——Python 王国历险记

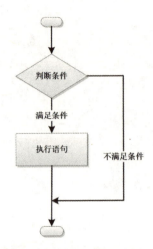

图 17.2　条件判断示意图

17.1.1　条件判断的本质——0 或 1

条件判断语句的要点在于"条件"。这个条件从本质上来说就是 True 或 False 这两个布尔值。因为在 Python 语言中，True 与 1 等同，False 与 0 等同，所以也可以说条件的本质就是 0 或 1。只要条件判断为 True，就会执行下面指定的程序。条件既可以是简单的一个字符或数字，也可以是一个很长的可以换算成布尔值的式子。例如下面的代码：

```
if True:
    print('1. ok')
if 'hellp':
    print('2. ok')
if False:
    print('3. ok')
if 0:
    print('4. ok')
if []:
    print('5. ok')
if 10 / 2 + 2 * 3 >= 11:
    print('6. ok')
```

在 Python 语言的数据中，除 0、None、为空的集合（包括字符串、列表、元组、字典等）的布尔值为 False 外，其他数据的布尔值都为 True。因此，运行上面代码的结果如下：

第17关 王宫的"守门人"——条件语句

```
1. ok
2. ok
6. ok
```

注意：数据的布尔值可以通过函数 bool() 获得，如 bool('helloa')。

17.1.2 条件判断的"终结者"——关系运算符

在条件判断中，最常见的条件形式是用关系运算符（也叫比较运算符）连接的式子。虽然式子中可能会用到很多运算符，但最后一步决定整个条件是否为 True 的还是关系运算符。例如，1 + 4 − 3 * 2 + 10 ** 3 % 5 > 125 / 3 是用大于号连接的两个算式 1 + 4 − 3 * 2 + 10 ** 3 % 5 与 125 / 3。计算的时候先计算第一个算式的值为 −1，第二个算式的值为 41.67，之后判断两个结果是否符合关系运算符 ">" 的要求，"−1 > 46.67" 显然不成立，结果为 False。

常用的关系运算符如表 17.1 所示。只要两侧的数据与当前的关系运算符相符，这个条件就为 True，就会执行对应的程序。

表 17.1 常用的关系运算符

类　　型	说　　明
==	等于
!=	不等于
>	大于
<	小于
>=	大于或等于
<=	小于或等于

17.1.3 条件的常见形式——国王的"考试大纲"

鹦鹉说，Python 王国的国王非常喜欢学习，经常向来访客人提出问题。下面就说一下国王的"考试大纲"，也就是判断条件的常见形式。如果将这些抽象的问题放在具体的案例中，则能变化出很多种情况，但万变不离其宗，只要明白原理，问题就会迎刃而解。

条件的常见形式包括非零判断、整除判断、奇偶数判断、余数判断、最大值或最小值判断等。我们随意输入一个整数，就可以通过下面这段程序判断上述的各种形式。

```
myNum1 = input('请输入第1个数字:')
myNum1 = int(myNum1)                              # 将数据类型转换为整数类型
if myNum1:                                        # 非零判断
    print('输入的第1个数字不为0')
if myNum1 % 5 == 0:                               # 整除判断
    print('输入的第1个数字能被5整除')
if myNum1 % 2 == 0:                               # 奇偶数判断
    print('输入的第1个数字是偶数')
print('输入的第1个数字除以3,余数为:', myNum1 % 3)  # 余数判断
myNum2 = input('请输入2个数字:')
myNum2 = int(myNum2)
maxNum = myNum1
if myNum2 > maxNum:                               # 最大数判断
    maxNum = myNum2
print('输入的两个数字为:', myNum1, myNum2, '最大的数字为:', maxNum)
```

17.2 if 的使用方法

理解了条件语句的作用还不够，要想顺利地使用它，还需要学习相关的语法规则。在条件判断语句中，if 告诉计算机要用条件语句了，之后空一个空格，写出要满足的条件，加上一个冒号，换行，再写出要做什么，也就是写出执行语句，如图 17.3 所示。

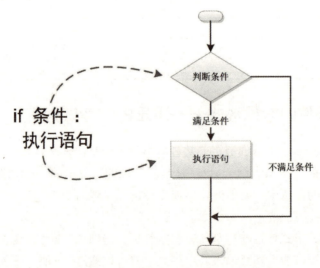

图 17.3　条件语句语法示意图

第 17 关 王宫的"守门人"——条件语句

注意：条件语句中的冒号特别重要，如果忘写就会出错，一定要记住。

派森说，他已经学会了条件语句的用法。鹦鹉决定考考他：假如国王要送给派森几颗宝石（1～10颗），前提是只有猜对了数量才会送给他，猜的数大了或小了都会有提示，这种情况如何用代码表示。派森想了一会儿，说出了下面的代码：

```
num = 6
answer = input('你的答案是：')
answer = int(answer)
if answer == num:
    print('猜对了，宝石送给你！')
if answer > num:
    print('猜大了！')
if answer < num:
    print('猜小了！')
```

注意：条件判断中用"=="，而不是"="。

运行代码，结果如图 17.4 所示。鹦鹉点点头说，派森学得不错，不过还有更加简单的代码可以达到同样的效果，我们接着往下讲。

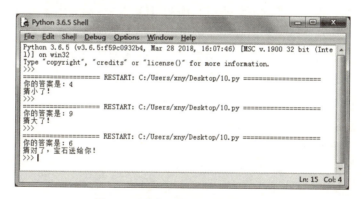

图 17.4 猜宝石案例运行结果界面

17.3 重要的后半句：if...else

有一些父母经常这样对孩子说话："如果你淘气，我就会惩罚你；相反，我会奖励你。"如果你的父母这样对你说，你是不是觉得后半句也很重要呢？在条件语句中也是这样的,如果在条件为 False 的时候仍然要执行指定的程序,这就需要加入 else 语句,如图 17.5 所示。

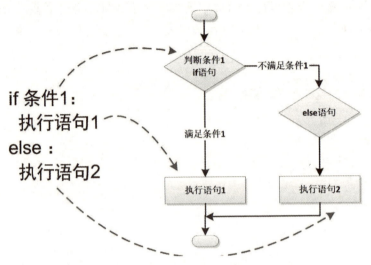

图 17.5　两种情况的条件语句示意图

鹦鹉告诉派森,一定要好好思考它出的考题,因为见到国王时可能会被问到同样的问题。接着鹦鹉又为派森出了一道题:每天都会有很多人去拜访国王并住在王宫里,假如每间房子住 2 人,请你想一个办法能够很快计算出是否存在 1 个人住 1 间房子的情况,以及住了 2 人的房子数量有多少;同时,如果来访客人大于 40 人,就应该告诉国王来访客人的具体数量。派森的代码如下:

```
num = input('请输入来访客人的数量:')    # 来访客人的数量
num = int(num)
if num % 2:
    print('有1人住1间房子的情况。')
    print('住了2人的房子数量为:', (num - 1) / 2)
else:
    print('没有1人住1间房子的情况。')
    print('住了2人的房子数量为:', num / 2)
if num > 40:
print('今天来访客人的具体数量为:', num)
```

想一想:运行程序之后输入 41,会得到什么运行结果?

第 17 关　王宫的"守门人"——条件语句

17.4 "10 000 种可能"的条件判断语句：if...elif...else

下面的情况就有些复杂了。当我们遇到有第二种情况的条件判断时，需要引入 elif 语句，它相当于其他编程语言中的 else if 语句。如果超过 3 种情况我们只需要重复 elif 这部分就可以，即使有"10 000 种可能"也能实现条件判断，如图 17.6 所示。

在多种情况的条件判断中，如果一次判断为真，则执行语句；如果一次判断为假，则跳过该语句，进行下一个 elif 的判断；只有在所有判断都为假的情况下，才会执行 else 中的语句。

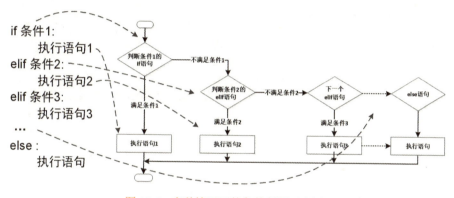

图 17.6　多种情况下的条件判断示意图

注意：else 是指所有前面没有判断过的情况，位于整个条件判断的最后，但是可以省略。

鹦鹉继续考派森，还是本书 17.3 节中的问题，国王要留来访客人住在王宫里，如果 4 个人住 1 间房子，是否存在 1 间房子住 1 人、2 人、3 人的情况。由于有了前面的基础，派森很快就说出了答案：

```
num = input('请输入来访客人的数量:')    # 来访客人的数量
num = int(num)
if num % 4 == 3:
    print('存在3人住1间房子的情况。')
elif num % 4 == 2:
    print('存在2人住1间房子的情况。')
elif num % 4 == 1:
    print('存在1人住1间房子的情况。')
```

```
else:
    print('不存在1~3人住1间房子的情况。')
```

17.5 进入宫殿——条件语句的应用

派森再次来到守门人面前，不出所料，守门人再次说出了与上次一样的话。派森这次可是有备而来的，他充满了信心。于是他们的对话就开始了，如图17.7所示。

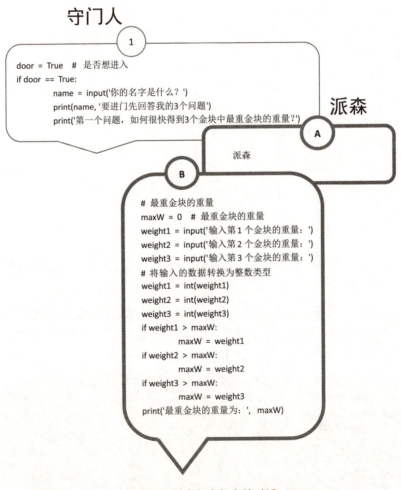

图 17.7 派森与守门人的对话

第 17 关 王宫的"守门人"——条件语句

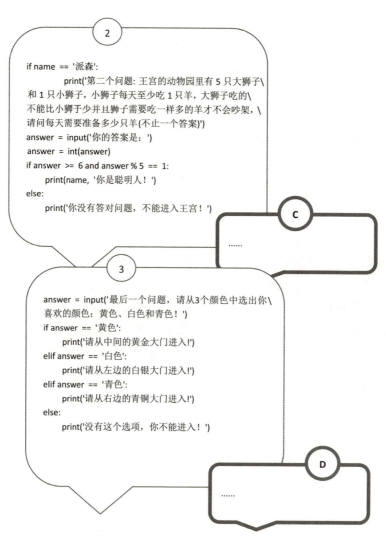

图 17.7 派森与守门人的对话（续）

注意：图中代码多处使用了"\"，代表一行程序太长，需要换行。

我们从他们的对话中可以看出守门人向派森问了 3 个问题：最重金块的重量的问题、狮子吃羊的问题和选颜色进不同的门的问题。其实从本质上看，这 3 个问题都是条件判断语句的运用问题，是本关前面所讲内容学以致用的过程。

17.5.1 "最重金块的重量"问题解析

我们先看第一个问题——最重金块的重量，本质上是用比较运算作为条件，从而判断、执行相应的程序。通过3个input()函数获得3个金块的重量，但此时获得的数据是字符串类型的，需要通过int()函数将其转换为整数类型。接下来依次将3个金块的重量与最大值比较，将更大的数值赋值给变量maxW，最终得到最大值。

17.5.2 "狮子吃羊"问题解析

第二个问题——狮子吃羊，本质上是将比较运算和余数判断作为条件进行判定，从而执行相应的程序。这个条件语句中用了一个单词"and"，其在英语中是"和、与"的意思，我们只需要知道用"and"连接的两个条件都成立的时候才能执行下面的程序就可以了。条件语句为什么是answer >= 6 and answer % 5 == 1呢？我们分析一下，6只狮子每天最少需要6只羊，所以answer >= 6；而大狮子吃羊的总数肯定是5的倍数，再加上小狮子吃的1只，所以羊的总数除以5余数肯定为1，用answer % 5 == 1表示。

注意：关于逻辑运算符"and"，我们会在后面的内容中进行详细讲解。

17.5.3 "选颜色进不同的门"问题解析

第三个问题——选颜色进不同的门，本质上是通过等于运算符判断字符串的关系，从而执行相应的程序。通过input()函数获得输入的代表颜色的字符串，赋值给变量answer，在条件语句中通过将answer与既定的颜色字符串比较，如果结果为True，则能够从某扇门进入王宫。

派森最终从黄金大门进入了王宫，猜一猜派森在图17.7的C处和D处说了什么？最终的运行结果如图17.8所示。整理之后的完整代码如下：

```
door = True    # 是否想进入
if door == True:
        name = input('你的名字是什么？')
        print(name, '要进门先回答我的3个问题')
        print('第一个问题，如何很快得到3个金块中最重金块的重量？')
```

第17关 王宫的"守门人"——条件语句

```
# 第一个问题：最重金块的重量
maxW = 0                              # 最重金块的重量
weight1 = input('输入第1个金块的重量：')
weight2 = input('输入第2个金块的重量：')
weight3 = input('输入第3个金块的重量：')
weight1 = int(weight1)                # 将输入数据转换为整数类型
weight2 = int(weight2)
weight3 = int(weight3)
if weight1 > maxW:
        maxW = weight1
if weight2 > maxW:
        maxW = weight2
if weight3 > maxW:
        maxW = weight3
print('最重金块的重量为：', maxW)
# 第二个问题：狮子吃羊
if name == '派森':
        print('第二个问题：王宫的动物园里有5只大狮子和1只小狮子，小狮子每\
天至少吃1只羊，大狮子吃的不能比小狮子少并且大狮子需要吃一样多的羊才不会吵架，请问\
每天需要准备多少只羊(不止一个答案)')
answer = input('你的答案是：')
answer = int(answer)
if answer >= 6 and answer % 5 == 1:
        print(name, '你是聪明人！')
else:
        print('你没有答对问题，不能进入王宫！')
# 第三个问题：选颜色进不同的门
answer = input('最后一个问题，请从3个颜色中选出你喜欢的颜色：黄色、白色和青色！')
if answer == '黄色':
        print('请从中间的黄金大门进入！')
elif answer == '白色':
        print('请从左边的白银大门进入！')
elif answer == '青色':
        print('请从右边的青铜大门进入！')
else:
        print('没有这个选项，你不能进入！')
```

读故事学编程——Python 王国历险记

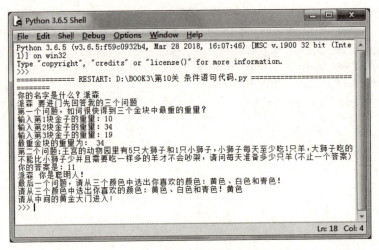

图 17.8　最终的运行结果界面

第 *18* 关

"大口袋狗"和"小口袋狗"——
条件语句的嵌套

本关要点:
掌握条件语句嵌套的作用及方法;
掌握条件语句嵌套与使用复杂条件的区别。

派森和鹦鹉终于走进了王宫的大门,只见院子里跑过来几只奇怪的狗。这些狗有的个头大一些,有的个头小一些,它们张开的嘴像口袋一样可以把更小的狗装进去。鹦鹉告诉派森,这些大的叫"大口袋狗",小的叫"小口袋狗"。它们的本领与刚刚会说 if 语句的守门人一样也是条件判断,只不过,它们会更高级一些的条件判断。

读故事学编程——Python 王国历险记

18.1 条件语句的嵌套

条件语句的嵌套其实很简单，就是在条件语句里再设置新的条件语句，就像给"大口袋"里套上"小口袋"一样。

例如，有一个能够帮助人实现愿望的"神灯"，它的代码如下：

```
mywords = input('请说出你的愿望！')
if mywords != '':
    print('我会尽力帮你实现你的愿望！')
    if len(mywords) > 5:
        print('你的愿望太复杂，我无法完成！')
    else:
        print('闭上眼再睁开，你的愿望实现了！')
else:
    print('看来你没有愿望，对现实很满意，很好！')
```

分析一下上面的代码，我们可以发现，首先通过 input 语句获得你的愿望，第一层 if 条件语句通过判断 mywords 是否为空给予不同的反馈；接着将第二层 if 条件语句嵌套在第一层 if 条件语句中，通过判断愿望的字数来决定愿望是否能够实现，大于 5 个字的愿望不能实现。

运行代码，假如输入的愿望为"回到现实世界"，结果如下：

```
请说出你的愿望！回到现实世界！
我会尽力帮你实现你的愿望！
你的愿望太复杂，我无法完成！
```

18.2 条件语句嵌套与使用复杂条件的区别

18.2.1 效果相同的情况

派森发现，有的时候通过一个复杂条件也能实现通过条件语句嵌套实现的相同功能。例如，下面测量幸运数字的代码：

```
num = int(input('请输入你的幸运数字！'))
if num % 2 == 0:
```

第18关 "大口袋狗"和"小口袋狗"——条件语句的嵌套

```
    if num > 5:
        print('你的幸运数字是大于5的偶数')
else:
    print('你的幸运数字是奇数')
```

运行结果如下:

```
请输入你的幸运数字! 8
你的幸运数字是大于5的偶数
```

上面的代码也可以写成下面的形式,效果是一样的:

```
num = int(input('请输入你的幸运数字!'))
if num % 2 == 0 and num > 5:
    print('你的幸运数字是大于5的偶数')
else:
    print('你的幸运数字是奇数')
```

18.2.2 条件语句嵌套的特别之处——"阶梯获奖"模式

条件语句嵌套与使用复杂逻辑语句作为条件并非完全等效:条件语句嵌套是将条件分不同的层次进行判断,在不同层次的条件之间可以穿插一些执行语句,就像"阶梯获奖"模式一样;复杂逻辑语句是将所有条件合并为一行,其无法进行上述操作。

例如下面的代码:

```
myNum = int(input('请输入一串长数字!'))
if myNum != '':
    print('数字非空,获得参与奖!')
    if myNum > 100:
        print('数字超过100,获得三等奖!')
        if myNum > 1000:
            print('数字超过1000,获得二等奖!')
            if myNum > 10000:
                print('数字超过10000,获得一等奖!')
```

运行代码,输入"1111111111111111",结果为:

```
请输入一串长数字! 1111111111111111
数字非空,获得参与奖!
数字超过100,获得三等奖!
数字超过1000,获得二等奖!
数字超过10000,获得一等奖!
```

第19关

军队演习——复习

本关要点：

掌握 print 语句、循环控制语句、条件判断语句等综合应用的方法；
掌握输出复杂字符图形的方法；
掌握交互输出字符图形信息的方法。

派森和鹦鹉被一阵军号声吸引，原来国王的军队正在进行演习。派森对 Python 王国的军队很感兴趣，他决定拉着鹦鹉去看看热闹。

19.1 简单的队形

原来 Python 王国的军队演习就是将 print 语句、循环控制语句、条件判断语句等组合起来，用输出的字符模拟军队的各种队形，例如下面各种简单的队形。

第 19 关　军队演习——复习

19.1.1　长方形队形

```
for i in range(5):
    print('*' * 5)
print('\n')
```

运行结果如下:

```
*****
*****
*****
*****
*****
```

19.1.2　方框队形

```
print('*' * 5)
for i in range(3):
    print('*', ' ' * 3, '*', sep='')
print('*' * 5)
print('\n')
```

运行结果如下:

```
*****
*   *
*   *
*   *
*****
```

19.1.3　十字形队形

```
print(' ' * 2, '*', sep='')
print(' ' * 2, '*', sep='')
print('*' * 5)
print(' ' * 2, '*', sep='')
print(' ' * 2, '*', sep='')
print('\n')
```

运行结果如下:

```
  *
```

```
  *
*****
  *
  *
```

19.1.4 菱形队形

```
print(' ' * 2, '*', sep='')
print(' ', '*' * 3, sep='')
print('*' * 5)
print(' ', '*' * 3, sep='')
print(' ' * 2, '*', sep='')
print('\n')
```

运行结果如下:

```
  *
 ***
*****
 ***
  *
```

19.1.5 龟形队形

```
print(' ' * 2, '*', sep='')
print('*', ' ', '*', ' ', '*', sep='')
for i in range(3):
    print(' ', '*' * 3, ' ', sep='')
print('*', ' ', '*', ' ', '*', sep='')
print(' ' * 2, '*', sep='')
print('\n')
```

运行结果如下:

```
  *
* * *
 ***
 ***
 ***
* * *
  *
```

第 19 关　军队演习——复习

19.2　复杂的队形

派森觉得这样的队形太简单，于是自己设计了几个比较复杂的队形。

19.2.1　飞机队形

我们让士兵站成一架飞机形的队列，代码如下：

```
print(' ' * 11, '*' * 3);
for i in range(3):
    print(' ' * 10, '*' * 5);
for i in range(4):
    print('*' * 27)
for i in range(7):
    print(' ' * 10, '*' * 5);
for i in range(2):
    print(' ' * 11, '*' * 3);
for i in range(2):
    print(' ' * 9, '*' * 7);
```

运行结果如下：

```
            ***
           *****
           *****
           *****
***************************
***************************
***************************
***************************
           *****
           *****
           *****
           *****
           *****
           *****
           *****
            ***
            ***
          *******
          *******
```

19.2.2 箭头队形

我们让士兵站成3个连续的"箭头"队形，代码如下：

```
for j in range(3):  # 括号中的数字为箭头个数
    for i in range(6):
        print(' ' * (10 - i), '*' * (1 + 2 * i))
    for i in range(5):
        print(' ' * (4 - i), '*' * 5, ' ' * (1 + 2 * i), '*' * 5)
```

运行结果如下：

```
          *
         ***
        *****
       *******
      *********
     ***********
    *****     *****
   *****       *****
  *****         *****
 *****           *****
*****             *****
          *
         ***
        *****
       *******
      *********
     ***********
    *****     *****
   *****       *****
  *****         *****
 *****           *****
*****             *****
          *
         ***
        *****
       *******
      *********
     ***********
    *****     *****
   *****       *****
  *****         *****
```

第 19 关　军队演习——复习

```
*****          *****
*****          *****
```

19.2.3　格子队形

我们用两种符号模拟不同兵种组成的方队"格子",代码如下:

```
for i in range(4):
    print('0' * 4 + '*' * 4 + '0' * 4 + '*' * 4)
for i in range(4):
    print('*' * 4 + '0' * 4 + '*' * 4 + '0' * 4)
```

运行结果如下:

```
0000****0000****
0000****0000****
0000****0000****
0000****0000****
****0000****0000
****0000****0000
****0000****0000
****0000****0000
```

19.3　一支服从指挥的队伍

我们将前两节所有的内容整合到一起,并通过 input() 函数输入发布给"军队"的命令,并将其存储在变量 shape 中;通过条件判断语句对命令进行分析,军队根据命令展现不同的队形。为了能够反复发布命令,我们将所有代码放在了 while 循环中,并用 True 作为条件,也就是实现无限循环。最后这支军队演习的完整代码如下:

```
while True:
    shape = input('你想要什么形状?')
    if shape == '飞机':
        print(' ' * 11, '*' * 3);
        for i in range(3):
            print(' ' * 10, '*' * 5);
        for i in range(4):
            print('*' * 27)
        for i in range(7):
```

```python
        print(' ' * 10, '*' * 5);
    for i in range(2):
        print(' ' * 11, '*' * 3);
    for i in range(2):
        print(' ' * 9, '*' * 7);
    print('\n')
if shape == '箭头':
    for j in range(3):  # 括号中的数字为箭头个数
        for i in range(6):
            print(' ' * (10 - i), '*' * (1 + 2 * i))
        for i in range(5):
            print(' ' * (4 - i), '*' * 5, ' ' * (1 + 2 * i), '*' * 5)
    print('\n')
if shape == '格子':
    for i in range(4):
        print('0' * 4 + '*' * 4 + '0' * 4 + '*' * 4)
    for i in range(4):
        print('*' * 4 + '0' * 4 + '*' * 4 + '0' * 4)
    print('\n')
if shape == '龟形':
    print(' ' * 2, '*', sep='')
    print('*', ' ', '*', ' ', '*', sep='')
    for i in range(3):
        print(' ', '*' * 3, ' ', sep='')
    print('*', ' ', '*', ' ', '*', sep='')
    print(' ' * 2, '*', sep='')
    print('\n')
if shape == '菱形':
    print(' ' * 2, '*', sep='')
    print(' ', '*' * 3, sep='')
    print('*' * 5)
    print(' ', '*' * 3, sep='')
    print(' ' * 2, '*', sep='')
    print('\n')
if shape == '十字形':
    print(' ' * 2, '*', sep='')
    print(' ' * 2, '*', sep='')
    print('*' * 5)
    print(' ' * 2, '*', sep='')
    print(' ' * 2, '*', sep='')
    print('\n')
if shape == '长方形':
    for i in range(5):
```

第19关　军队演习——复习

```
            print('*' * 5)
        print('\n')
    if shape == '方框':
        print('*' * 5)
        for i in range(3):
            print('*', ' ' * 3, '*', sep='')
        print('*' * 5)
        print('\n')
```

运行结果如下：

```
你想要什么形状？飞机
        ***
       *****
       *****
       *****
***********************
***********************
***********************
***********************
       *****
       *****
       *****
       *****
       *****
       *****
       *****
        ***
        ***
      *******
      *******




你想要什么形状？箭头
         *
        ***
       *****
      *******
     *********
    ***********
     *****   *****
     *****   *****
     *****   *****
     *****   *****
```

读故事学编程——Python 王国历险记

```
          *****            *****
            *
           ***
          *****
         *******
        *********
       ***********
      *****     *****
     *****       *****
    *****         *****
   *****           *****
  *****             *****
            *
           ***
          *****
         *******
        *********
       ***********
      *****     *****
     *****       *****
    *****         *****
   *****           *****
  *****             *****
```

你想要什么形状？菱形
```
  *
 ***
*****
 ***
  *
```

你想要什么形状？格子
```
0000****0000****
0000****0000****
0000****0000****
0000****0000****
****0000****0000
****0000****0000
****0000****0000
****0000****0000
```

第 20 关

国王的"魔盒"——函数

本关要点:
掌握函数的实质及作用;
掌握函数的定义方法及调用方法;
掌握带参数函数的调用方法;
掌握 return 语句的使用方法;
了解变量作用域。

派森和鹦鹉终于走进了王宫的大殿。坐在宝座上的国王却是一个五六岁的小男孩。鹦鹉和国王高兴地拥抱在一起。派森很好奇:为什么这么小的孩子就能当上 Python 王国的国王。国王神秘地指了指胸前的一个小盒子说,因为他有一个能为自己做任何事情的"魔盒"。派森这才注意到他的怀中果然抱着一个闪闪发光的小盒子。

国王说,因为派森帮助鹦鹉回到了王宫,为了感谢他,允许他了解一下"魔盒"的秘密——这个"魔盒"就是函数。

读故事学编程——Python 王国历险记

20.1 "魔盒"的秘密——函数的实质及作用

国王的"魔盒"就是一个函数。这个"魔盒"有一个放东西的孔,还有一个出东西的孔。我们只需要设置一次魔盒的功能(有时系统已经帮助我们设置好了),然后把东西放进孔里,就可以看到生成的东西从另一个孔里出来,有时候甚至不需要放任何东西进去。我们可以反复进行同样的操作,而只需要知道"魔盒"的名字和需要放进去的东西就可以了,并不需要每次都明白"魔盒"内部的工作原理。

例如,我们要让"魔盒"孵小鸡。首先将"魔盒"命名为"孵小鸡",然后只需要设置一次"魔盒"的功能,接着把鸡蛋放进"魔盒"中,小鸡就会从"魔盒"中跑出来,如图 20.1 所示。

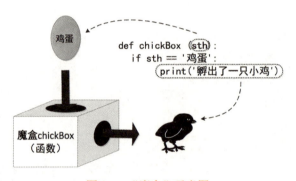

图 20.1 "魔盒"示意图

其实,函数就是一段有名字的代码块(如上面案例中"孵小鸡"的"魔盒"),可以输入或输出数据(如输入的数据为"鸡蛋",输出的数据为"小鸡"),我们只通过函数的名字就能运行函数中的代码块(如知道名字为"孵小鸡"的"魔盒"并放入鸡蛋,即可孵出小鸡)。无论函数的代码块有多长,我们都可以通过函数名反复运行这个函数,这个过程我们称之为"调用"。

函数有两个重要的作用:一个是"封装";一个是"提高代码复用率"。封装就是把大段的代码放到函数中,就像用包装袋把代码块"封装"起来一样。当我们需要反复实现同样的功能时,只需要把这些代码放在一个函数中,通过函数名反复调用就可以实现了。我们不需要每次重新编写复杂的代码,这就在无形中提高了编写程序的效率,即"提高代码复用率"。

第 20 关 国王的"魔盒"——函数

其实派森在之前的冒险旅程中已经接触了很多函数：如返回序列长度的 len() 函数、鹦鹉最擅长的 print() 函数；又如在学习字符串、列表、元组、字典等内容时涉及的各个函数等。这些函数是系统设置好的，我们只需要拿过来直接用就可以，并可将其称为"内建函数"。

除了使用内建函数，我们也可以根据自己的需要设计函数，即"自定义函数"。国王的"魔盒"其实就是自定义函数。

20.2 改装"魔盒"——函数的定义方法

只要我们掌握了函数的定义方法，就能根据自己的需要改装"魔盒"了。首先要用到关键字"def"，告诉计算机"我要定义函数了"；之后起一个函数名，函数名后面放一对括号，括号中可以放一个或多个用逗号隔开的参数，当然也可以不放参数；括号后放一个冒号，然后换行缩进；最后放上函数的代码就可以了。函数的代码应符合代码块的缩进规则，如图 20.2 所示。

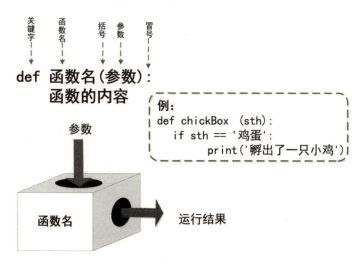

图 20.2 函数的定义方法示意图

需要注意一下，我们为函数命名与为变量命名的规则一样：一是要起一个"简单并且容易让人看懂的名字"；二是名字中只能包含字母、数字和下画线，并且不能将数字放在函数名的最前面。

20.3 "魔盒"的使用方法——函数调用

经过精心设置"魔盒"——函数，接下来可以验证它的神奇功能了。我们只需要知道函数名和参数就可以，如图 20.3 所示。

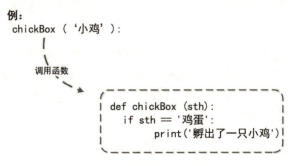

图 20.3　函数调用示意图

20.4 让"魔盒"更合心意——带参数的函数

虽然有的函数可以不用参数，但这样的函数一般只能完成同样的、没有变化的工作。我们可以通过参数让"魔盒"更符合我们的心意、更好地控制函数的输出结果，从而使它实现更加丰富的功能。

不带参数的函数案例如下：

```
def myBox ():
    print('孵出了一只小鸡')
```

我们调用上面这个函数的时候，不需要参数，代码如下：

```
 myBox ()
```

如果我们为函数设置了参数，控制起来就方便多了，案例代码如下：

```
def animalBox(sth, num):    # 参数sth代表动物种类，num为数量
    print('从魔盒里出来了', num, '只', sth)
```

第 20 关　国王的"魔盒"——函数

这样，我们可以实现更加丰富的函数内容。我们可以让这个名为 animalBox 的"魔盒"变出我们想要的动物，并且可以指定数量，代码如下：

```
animalBox('牛', 5)
animalBox('大象', 100)
```

运行结果如下：

```
从魔盒里出来了 5 只 牛
从魔盒里出来了 100 只 大象
```

20.4.1　顺序参数

我们在调用函数的时候可以通过两种方式设置参数：一种是顺序参数，一种是关键字参数。在用顺序参数方式调用函数的时候，我们需要严格按照函数中各参数的顺序进行赋值，否则就会出错。例如，上面案例中的 animalBox() 函数，如果按照顺序参数的形式呈现，只能把动物种类放在前面，代码如下：

```
animalBox('狮子', 3)      # 正确的代码
animalBox(3, '狮子')      # 错误的代码
```

20.4.2　关键字参数

在用关键字参数方式调用函数的时候，并不需要按照定义函数中参数的顺序进行，但是需要用赋值的方式体现参数与对应值的关系。仍以函数 animalBox() 为例，下面两行代码的运行结果是一样的：

```
animalBox(num=3, sth='狮子')
animalBox(sth='狮子', num=3)
```

20.4.3　默认参数

有时候我们会为某一个房间准备一把"备用钥匙"，以防万一。在函数定义的过程中，我们也可以用同样的方式设置一个"默认参数"。当我们调用函数而没有为参数赋值的时候，函数就会自动使用"备用钥匙"——默认参数。例如下面的代码：

```
def animalBox(sth='小鸡', num=5):  # 参数sth代表动物种类，num代表动物数量
    print('从魔盒里出来了', num, '只', sth)
```

如果我们不用参数调用函数,两个参数就会自动使用默认参数。例如,我们可以这样调用函数:

```
animalBox()
```

运行结果如下:

```
从魔盒里出来了 5 只 小鸡
```

而当我们设置参数的时候,函数就会忽略默认参数。例如,我们可以这样调用函数:

```
animalBox('猴子', 20)
```

运行结果如下:

```
从魔盒里出来了 20 只 猴子
```

20.5 可返回值函数的关键——return 语句

我们做事情有的时候过程更重要,有的时候结果更重要,在 Python 语言的函数中同样如此。当注重过程的时候,需要对函数内部的代码进行各种操作;当注重结果的时候,往往需要让函数返回某一个数值。在通常情况下,我们通过 return 语句可以得到返回值。

例如,我们改进一下孵小鸡的"魔盒",使得放一个鸡蛋可以孵出 10 只小鸡,并且可以通过 return 语句返回孵出小鸡的数量,代码如下:

```
def animalBox2(sth, num):  # 参数sth代表动物种类,num代表动物数量
    print('从魔盒里出来了', num * 10, '只', sth)
    return num * 10
```

调用函数:

```
animalBox2('小鸡', 10)
```

运行结果如下:

```
从魔盒里出来了 100 只 小鸡
100
```

我们也可以将函数调用语句赋值给一个变量,相当于将 return 语句的结果赋

第 20 关　国王的"魔盒"——函数

值给变量，代码如下：

```
num = animalBox2('小鸡', 10)
print(num)
```

运行结果如下：

```
100
```

但需要注意，return 语句必须放在最后一行，否则它之后的代码将不再运行。例如，我们将上面案例中的代码 return 语句提前一行，运行程序时就不会运行 print 语句了。代码如下：

```
def animalBox2(sth, num):  # 参数sth代表动物种类，num代表动物数量
    return num * 10
    print('从魔盒里出来了', num, '只', sth)
```

运行代码 animalBox2(' 小鸡 ', 10)，结果如下：

```
100
```

20.6　内外有别——变量作用域

函数外面定义的变量为全局变量，全局变量在函数的里面和外面都能使用；函数里面定义的变量为局部变量，局部变量只能在函数里面使用，函数运行完，其内部的局部变量会被自动删除。变量使用的有效范围就是变量的作用域。

例如，有一个擅长计算的机器人，它能够计算出 3 个数之和，代码如下：

```
answer1 = 0                              # answer1为全局变量
def mySum(num1, num2, num3):
    answer2 = num1 + num2 + num3         # answer2为局部变量
    answer1 = answer2
    print('全局变量answer1的值为：', answer1)
    print('局部变量answer2的值为：', answer2)
```

运行代码 mySum(10,20,30)，结果为：

```
全局变量answer1的值为：   60
局部变量answer2的值为：   60
```

读故事学编程——Python 王国历险记

当我们在函数外面调用语句 print(answer1) 时，会输出全局变量 answer1 对应的值，但是当我们在函数外面用 print(answer2) 来输出局部变量 answer2 对应的值时就会报错。

20.7　黄金宫殿的秘密——函数应用案例 1

派森专心学完了国王教授的关于函数的知识后，开始观察这座宫殿。他发现整座宫殿都是用金砖建成的，他很疑惑：国王是如何得到这么多尺寸合适的金砖的。为了解答这个问题，国王将"魔盒"捧在手里，将它变为一个能够生产金砖的"魔盒"，代码如下：

```python
def goldBox(l, w, h):  # 3个参数分别代表长、宽、高
    volume = l * w * h
    print('您得到了一块金砖，长、宽、高分别为:', l, w, h, '，体积为:', volume)
```

在上面的函数中，3 个参数 l、w、h 分别代表金砖的长、宽、高，在函数内部定义了一个代表金砖体积的局部变量 volume，并将长、宽、高相乘的结果为其赋值，调用这个函数的代码如下：

```python
goldBox(10, 20, 3)
```

运行结果如下：

```
您得到了一块金砖，长、宽、高分别为: 10 20 3 ，体积为: 600
```

20.8　御厨的技能——函数应用案例 2

晚上，国王大摆宴席，招待了所有的来访客人和大臣们。只见国王将"魔盒"变为一个"厨师"，这个"魔盒厨师"很厉害，他能够根据食客的性别做不同的菜品，也能够根据食客的人数改变菜品的数量，代码如下：

```python
def cook(sex, num):  # 两个参数分别代表食客的性别、食客的数量
    if sex == '男':
        print('我为男士们准备了增长力量的"勇士套餐"!')
    elif sex == '女':
        print('我为女士们准备了健康瘦身饮食"淑女套餐"!')
    print('来了', num, '位客人，我将做', num, '份大餐!')
```

172

第20关 国王的"魔盒"——函数

运行 cook(' 女 ', 12) 结果如下：

我为女士们准备了健康瘦身饮食"淑女套餐"！
来了 12 位客人，我将做 12 份大餐！

运行 cook(' 男 ', 50) 结果如下：

我为男士们准备了增长力量的"勇士套餐"！
来了 50 位客人，我将做 50 份大餐！

20.9 烟火表演——函数应用案例3

晚宴过后，王宫要举行一场盛大的"烟火表演"。派森和鹦鹉在巫师的小屋观看过一场"烟火表演"，当时的代码如下：

```
# 变量shape1~shape4代表烟火形状，color1~color4代表烟火颜色
shape1 = '圆圈形状的烟火'
shape2 = '满天星形状的烟火'
shape3 = '螺旋形状的烟火'
shape4 = '瀑布形状的烟火'
color1 = '红色'
color2 = '黄色'
color3 = '蓝色'
color4 = '紫色'
# fireworks1、fireworks2代表烟火的顺序
fireworks1 = color1, shape3, color4, shape2, color3, shape1, color2, shape4
fireworks2 = color1, shape1, shape3, color2, shape2, shape4, color3, shape1, color4, shape4
print('第1拨烟火：', fireworks1)
print('第2拨烟火：', fireworks2)
```

注意：上述代码详情请参看本书第 8 关的相关内容。

现在国王用函数改进了这场"烟火表演"，你尝试一下能否破解这场"烟火表演"的秘密。代码如下：

```
shapeList = ['圆圈形状的烟火', '满天星形状的烟火', '螺旋形状的烟火', '瀑布形状的烟火']
colorList = ['红色', '黄色', '蓝色', '紫色']
def fireworks(shape, color, times):
    for i in range(times):
        print(color, shape)
```

```
def run():  # 烟火组合函数
    fireworks(shapeList[3], colorList[1], 1)
    fireworks(shapeList[0], colorList[2], 2)
    fireworks(shapeList[1], colorList[3], 3)
    fireworks(shapeList[2], colorList[0], 1)
    fireworks(shapeList[0], colorList[2], 5)
```

在上面的代码中,我们将烟火的形状和颜色存储为两个列表(shapeList、colorList)。在定义单个烟火的函数 fireworks() 中设置了 3 个参数,前两个参数从两个列表中提取形状与颜色,第三个参数为单个烟火的燃放次数。运行我们的程序,只需要一行超级简单的代码:

```
run()
```

运行结果如下:

```
黄色  瀑布形状的烟火
蓝色  圆圈形状的烟火
蓝色  圆圈形状的烟火
紫色  满天星形状的烟火
紫色  满天星形状的烟火
紫色  满天星形状的烟火
红色  螺旋形状的烟火
蓝色  圆圈形状的烟火
蓝色  圆圈形状的烟火
蓝色  圆圈形状的烟火
蓝色  圆圈形状的烟火
蓝色  圆圈形状的烟火
```

想一想:你能通过改进函数制造出更加绚丽的烟火吗?

在绚丽的烟火中,派森在 Python 王国又度过了一个美好的夜晚。

第 21 关

国王的跑马场——初识类和对象

本关要点：
初步了解面向对象编程；
掌握类的定义方法；
掌握类的实例化方法。

第二天早晨，派森去了国王的跑马场，只见一望无际的大草原上奔跑着数不清的骏马。国王让派森猜一猜 Python 王国的这些马是如何变出来的。派森昨天刚刚见识了"魔盒"——函数的威力，胸有成竹地说：一定是通过函数编写出来的。其实结果并非完全如此。

21.1 派森造马——多个函数配合实现功能

国王微微一笑，让派森制造一匹马。派森想了想说，王国的马必须忠于国王，而且喜欢吃草，会"咴儿咴儿"地叫，还喜欢绕圈跑，并且每圈跑 100 米。于是，派森写了下面的代码：

```
master1 = 'Python王国国王'         # 马的主人
distance = 100                    # distance代表马每圈跑多少米
print('我是一匹马！我的主人是', master1)
def eat():
    print('嫩草叶真香哇！')
def sound():
    print('咴儿咴儿')
def run(num=1):                   # num代表马跑了几圈
    print('跑了，', num, '圈')
    print('共跑了', num * distance, '米')
```

在上面的代码中，两个变量 master1、distance 分别代表马的主人和马每圈跑多少米；用 eat()、sound()、run() 3 个函数分别代表马吃、叫、跑的状态。在 run() 函数中用了参数 num 代表马跑了几圈，并将默认参数设为 1。运行结果如下：

```
我是一匹马！我的主人是 Python王国国王
```

当我们调用相关函数的时候，也会反馈相应的结果，如我们调用函数：

```
eat()
sound()
run(5)
```

运行结果如下：

```
嫩草叶真香哇！
咴儿咴儿
跑了， 5 圈
共跑了 500 米
```

派森很得意，国王让他再制造一匹同样的马。派森对上面的代码修改了变量和函数的名字，修改后的代码如下：

第 21 关　国王的跑马场——初识类和对象

```
master2 = 'Python王国国王'        # 马的主人
distance2 = 100                   # distance代表马每圈跑多少米
print('我是第二匹马！我的主人是', master2)
def eat2():
    print('嫩草叶真香哇！')
def sound2():
    print('咴儿咴儿')
def run2(num=1):                  # num代表马跑了几圈
    print('跑了，', num, '圈')
    print('共跑了', num*distance, '米')
```

国王还是没有称赞派森，让他继续制造 100 匹马，于是派森用了同样的方法整整改了一上午才完成制造 100 匹马的任务。

21.2　造 1 匹马的时间造 10 000 匹马——国王造马

国王说，他可以用派森制造 1 匹马的时间制造 10 000 匹马。派森不信，于是国王对派森的代码稍做修改，代码就变成了下面的样子：

```
class horse:
    master = 'Python王国国王'      # 马的主人
    distance = 100                 # distance代表马每圈跑多少米
    def eat(self):
        print('嫩草叶真香哇！')
    def sound(self):
        print('咴儿咴儿')
    def run(self, num = 1):        # num代表马跑了几圈
        print('跑了', num, '圈')
        print('共跑了', self.distance * num, '米')
```

国王说，"马的模型"制造完成了，下面可以开始大批量造马了，于是有了下面的代码：

```
horseList = []
for i in range(10000):
    myHorse = horse()
    horseList.append(myHorse)
```

在上面的代码中，国王用一个列表 horseList 存放马匹，通过循环制造了 10 000 匹马。如果我们想要更多的马匹，只需要改变 range() 函数中的数字就可

读故事学编程——Python 王国历险记

以了。为了验证结果，派森让第 8001 匹马吃草、让第 679 匹马嘶叫、让第 1001 匹马跑 6 圈，代码如下：

```
horseList[8000].eat()
horseList[678].sound()
horseList[1000].run(6)
```

运行结果如下：

```
嫩草叶真香哇！
咴儿咴儿
跑了 6 圈
共跑了 600 米
```

说明：如果你没有看懂上面的代码也没关系，我们后面就会学习这段代码的相关知识。

21.3　没有用到新知识——初识面向对象编程

派森惊讶地合不拢嘴，一定要国王把这个知识教给他。国王说，其实没有什么新的知识，用以前会的知识就完全能够做到，只不过改变了一下组织代码的方式而已，这种方式叫作"面向对象编程"。

国王对派森写的代码的改造共分为两步：第一步，制造一个"模型"——我们称之为"类"；第二步，仿照这个"模型"复制任意多个"复制品"——我们称之为"对象"。一般我们把从"类"到"对象"的过程称为"实例化"，如图 21.1 所示。

我们发现国王只对派森的代码进行了很少量的修改，运行结果就出现了惊人的变化。仔细看后发现，国王对代码的修改主要有 3 处：

1. 在最前面添加了 class horse:；
2. 为每个函数都增加了一个参数 self，并且将这个参数排在第一个；
3. 通过语句 myHorse = horse() 制造"马"。

国王再次向派森强调，这里所谓的"面向对象编程"真的没有什么新的内容，只是改变了代码的组织方式。针对上面的 3 处变化我们依次学习一下，之后我们就可以像国王一样制造骏马了。当然我们也可以制造其他东西，道理都是一样的。

178

第 21 关　国王的跑马场——初识类和对象

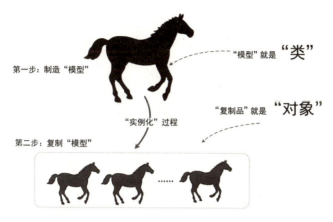

图 21.1　面向对象编程示意图

21.4　制造"模型"——类的定义方法

我们先来看一下"模型",其实它只包含两种元素——变量和函数,我们也称之为属性与方法。对于根据"模型"复制出来的"对象"而言,变量就是属性,函数就是方法。我们可以把"类"理解为将一些相关的变量和函数放在一个特殊的包裹里。

要制造"模型",也就是定义类,需要了解定义类的语法规则。其实这与我们以前学习的编程规则相比只有两点变化:一是以关键字"class"开头,后面加类名及冒号;二是类中所有函数的第一个参数必须为"self"。这个"self"代表"实例化的对象",也就是"模型"的"复制品"。当我们在函数中调用函数外的变量时,也需要在变量前面加上"self.",如图 21.2 所示。

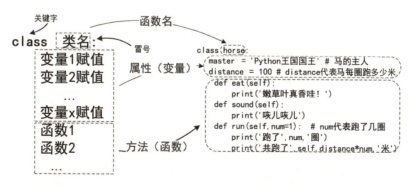

图 21.2　类的定义方法示意图

179

21.5 赋值"模型"——类的实例化方法

定义完"模型"后,就可以复制"模型"了,想复制多少个都没问题。这个过程被称为"类的实例化",得到的"复制品"被称为"对象"。实例化的方法尤其简单:类名后面加上一对圆括号就是实例化了。一般情况下,我们把实例赋值给一个变量,如图 21.3 所示。

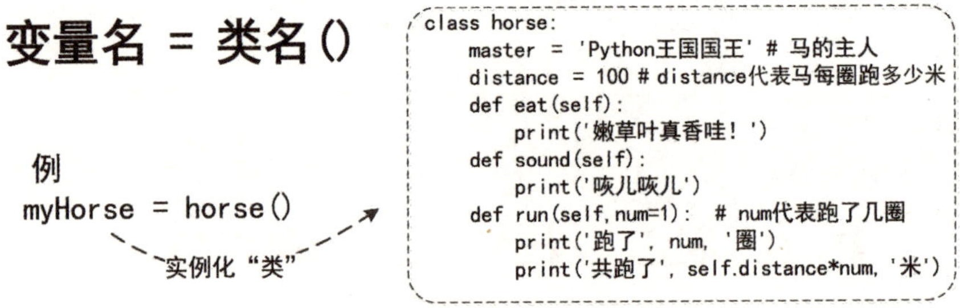

变量名 = 类名()

例
myHorse = horse()
——实例化"类"

```
class horse:
    master = 'Python王国国王'  # 马的主人
    distance = 100 # distance代表马每圈跑多少米
    def eat(self):
        print('嫩草叶真香哇!')
    def sound(self):
        print('咴儿咴儿')
    def run(self,num=1):    # num代表跑了几圈
        print('跑了', num, '圈')
        print('共跑了', self.distance*num, '米')
```

图 21.3 类的实例化方法示意图

21.6 马儿合唱团——类和对象应用案例

派森要为国王组建一支"马儿合唱团"。合唱团共有 15 匹马,高音马、中音马、低音马各 5 匹。派森在原来的代码中添加了一个代表歌曲的变量 song1 和代表唱歌功能的函数 sing(),添加的代码如下:

```
song1 = '一闪一闪亮晶晶,满天都是小星星……'
def sing(self, tone):  # tone代表音调
    print(tone, ':', self.song1)
```

现在,类的完整代码如下:

```
class horse:
    master = 'Python王国国王'      # 马的主人
    distance = 100                # distance代表马每圈跑多少米
    song1 = '一闪一闪亮晶晶,满天都是小星星……'
    def eat(self):
        print('嫩草叶真香哇!')
```

第 21 关　国王的跑马场——初识类和对象

```
    def sound(self):
        print('咴儿咴儿')
    def run(self, num=1):      # num代表跑了几圈
        print('跑了', num, '圈')
        print('共跑了', self.distance*num, '米')
    def sing(self,tone):       # tone代表音调
        print(tone, ':', self.song1)
```

下面我们通过函数 horseShow() 实例化制造 15 匹马，并将其存放在列表 horseList 中，再通过 play() 函数对乐队进行编排，代码如下：

```
horseList = []
def horseShow():
    for i in range(15):
        myHorse = horse()
        horseList.append(myHorse)
def play():
    for i in range(5):
        print(i, '号高音')
        horseList[i].sing('高音')
    for j in range(5, 10):
        print(j, '号中音')
        horseList[j].sing('中音')
    for k in range(10, 15):
        print(k, '号低音')
        horseList[k].sing('低音')
```

下面是激动人心的时刻，"马儿合唱团"开始演奏，代码如下：

```
horseShow()
play()
```

运行结果如下：

```
0 号高音
高音 : 一闪一闪亮晶晶，满天都是小星星……
1 号高音
高音 : 一闪一闪亮晶晶，满天都是小星星……
2 号高音
高音 : 一闪一闪亮晶晶，满天都是小星星……
3 号高音
高音 : 一闪一闪亮晶晶，满天都是小星星……
4 号高音
高音 : 一闪一闪亮晶晶，满天都是小星星……
```

读故事学编程——Python 王国历险记

5 号中音
中音 ：一闪一闪亮晶晶，满天都是小星星……
6 号中音
中音 ：一闪一闪亮晶晶，满天都是小星星……
7 号中音
中音 ：一闪一闪亮晶晶，满天都是小星星……
8 号中音
中音 ：一闪一闪亮晶晶，满天都是小星星……
9 号中音
中音 ：一闪一闪亮晶晶，满天都是小星星……
10 号低音
低音 ：一闪一闪亮晶晶，满天都是小星星……
11 号低音
低音 ：一闪一闪亮晶晶，满天都是小星星……
12 号低音
低音 ：一闪一闪亮晶晶，满天都是小星星……
13 号低音
低音 ：一闪一闪亮晶晶，满天都是小星星……
14 号低音
低音 ：一闪一闪亮晶晶，满天都是小星星……

第 22 关

王国的"天马卫队"——高级面向对象编程

本关要点：
了解面向对象编程；
掌握类的标准定义方法；
掌握类的继承方法；
掌握类的方法重写。

在国王的跑马场里，派森用类和对象的相关知识送给国王一支"马儿合唱团"。国王非常喜欢听这支合唱团分高、中、低 3 个声部进行合唱。为了感谢派森，国王决定将关于"面向对象"的更多秘密透露给派森。国王说会与派森一起组建一支新的"天马卫队"，因为这个国家现有的卫队就是用类似的方式构建的。国王压低声音神秘地说："实际上，如果学会了下面的内容，你可以创造更多的事物……"

读故事学编程——Python 王国历险记

22.1 深入了解面向对象编程

通过之前的学习，我们已经初步了解了面向对象编程的一些简单的内容，知道了类和对象并没有增加多少新的内容，只是改变了代码的组织方式。但这个小小的改变可以极大地提高代码块的重复利用率和编程的效率。所谓的"类"就是"模型"，通过类的实例化获得的"对象"就是模型的"复制品"。

接着我们将更加深入地了解面向对象编程，使用这种编程方式能够以高度概括的眼光来创造各种事物。

例如，前面的"马儿合唱团"，合唱团里有3种马，虽然它们分别发出高、中、低3种音调，但它们都是马，都会吃、跑、叫。于是我们就可以先创造一种概括的"马"的物种，这个物种会吃、会跑、会叫；然后将这个物种细分为3种可以发出不同音调的马——高音马、中音马和低音马。细分的3种马在吃、跑、叫方面具有相同的特点，但是只要一开口唱歌就会发出不同的音调，如图22.1所示。

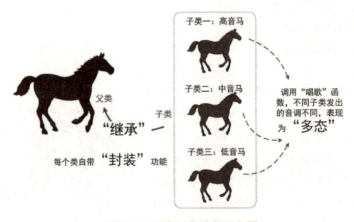

图 22.1　面向对象编程示意图

22.2 类的标准定义方法

在跑马场里，我们了解到类中主要包括两种元素——属性和方法，也就是变

第22关 王国的"天马卫队"——高级面向对象编程

量和函数。接下来我们将学习类里的一个特别的函数——构造函数。这个函数并不是不可或缺的,如我们在前面学习类的时候就没有用到它,但是构造函数可以用于"初始化设置",它是通过实例化获得对象的时候最先执行的函数。

在类里构造函数一般放在所有函数的前面,格式如下:

```
def __init__(参数):
    函数内容
```

类的标准定义方法如图 22.2 所示。

```
class  类名:
    全局变量赋值
    初始化函数 __init__
    其他函数
```

例:
```
class horse:
    times = 2  # 马一次叫几声
    def __init__(self, n):
        self.times = n
    def sound(self):
        for i in range(self.times):
            print('咴儿', end='')
```

对应

```
# 实例化及调用
myHorse = horse(5)
myHorse.sound()
```

图 22.2 类的标准定义方法示意图

22.3 类的封装

面向对象编程有 3 个最重要的特点——封装、继承、多态。

"封装"就如同用一个"黑匣子"将一系列的变量和函数装起来,这与函数的"魔盒"相似。这样做有两个好处:第一个好处是使用的时候可以到处搬动黑匣子——也就是可以提高代码的复用率;第二个好处是可以将黑匣子内部的属性和方法对外界隐藏起来。

例如,下面的代码是一个机器人画家的程序,程序中封装了画实心矩形和空心矩形的函数。我们不需要知道类的内部细节,只需要调用函数名称就可以完成画矩形的操作,并且可以根据需要反复调用。

```
class painter :
    # 画实心矩形的代码
```

```
    def rect(self, l):           # 参数1代表一行或一列字符的个数
        for i in range(l):
            for j in range(l):
                print('0', end='')
            print('\n')
# 画空心矩形的代码
    def rect2(self, l):          # 参数1代表一行或一列字符的个数
        for i in range(l):
            print('1', end='')
        print('\n')
        for i in range(l - 2):
            print('1', end='')
            for i in range(l - 2):
                print(' ', end='')
            print('1', end='')
            print('\n')
        for i in range(l):
            print('1', end='')
        print('\n')
```

用下面的代码调用函数，画一个行、列都为 8 个字符的实心矩形。

```
a = painter()
a.rect(5)
```

运行结果如下：

```
00000000

00000000

00000000

00000000

00000000

00000000

00000000

00000000
```

第 22 关　王国的"天马卫队"——高级面向对象编程

我们也可以画一个行、列都为 5 个字符的空心矩形，代码如下：

```
a = painter()
a.rect2(5)
```

运行结果如下：

```
11111

1   1

1   1

1   1

11111
```

22.4　类的继承方法

"继承"与人类或动物的遗传很像，就如同几匹小马继承了它们父亲的一些特点。我们可以将"马父"看成一个类，称其为"父类"，几匹小马也分别为一个类，称其为"子类"，子类具备父类的属性和方法。

```
class 类名(父类名字):
    新的函数
```

我们还是用马来举例，确定马的父类为 horse_father，定义吃和叫的函数分别为 eat()、sound()。

```
class horse_father:
    master = 'Python王国国王'  # 马的主人
    def eat(self):
        print('嫩草叶真香哇！')
    def sound(self):
        print('咴儿咴儿')
```

利用上面的继承语法，我们让马的子类——horse_son 继承父类的所有特点，代码如下：

```
class horse_son(horse):
    pass
```

这里的 pass 代表什么特点也没有增加，完全继承父类。我们让子类来吃点草、叫一叫，代码如下：

```
littleHorse = horse_son()
littleHorse.eat()
littleHorse.sound()
```

运行结果如下：

```
嫩草叶真香哇！
哎儿哎儿
```

对于我们人类而言，孩子会继承父亲的一些特点，但也有自己的特点，在类的继承里同样如此。我们可以在子类中定义新的函数或属性，如下面的代码：

```
class horse_son(horse):
    def sport(self):
        print('我爱打滚！')
```

我们也可以更加抽象地看待继承这个特点，有一种类似"总—分"的关系，即共同的元素构成上级的类，子类继承父类的属性和方法，子类还可以有下一级的子类。也就是说，对于面向对象编程我们应先考虑总体概念，再对其进行逐级细分。例如，先确定有生命的物体，再将其分为动物、植物和微生物，之后再分别细分，如图 22.3 所示。

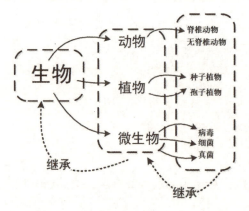

图 22.3　类的继承方法示意图

第22关 王国的"天马卫队"——高级面向对象编程

22.5 类的方法重写

不同个体在同一个方面会表现出不同的状态,我们称之为"多态"。例如,同样是动物的叫声,猫、狗、老虎、狼的声音各不相同。对于面向对象编程而言,多态常指继承同一个父类的不同子类具有相同的属性或方法的名称,但属性的值或方法的内部程序却各不相同。

在这种情况下,往往会用到方法的重写,也就是在子类中重新定义父类的某个函数,或重新复制父类的某一个属性,但要保留父类变量和函数的名称。例如,在下面的代码中,在子类 horse_son 中重写了方法 sing():

```
# 父类代码
class horse_father:
    def sound(self):
        print('咻儿咻儿')
    def sing(self):
        print('一闪一闪亮晶晶……')
# 子类的代码
class horse_son(horse):
    def sound(self):
        print('咻儿咻儿')
    def sing(self):
        print('啦啦啦我是卖报的小行家……')
# 执行代码
f_horse = horse_father()        # 父类实例化
s_forse = horse_son()           # 子类实例化
f_horse.sing()
s_forse.sing()
```

在上面的执行代码部分,父类的对象 f_horse 和子类的对象 s_forse 都调用了唱歌的函数 sing(),输出的结果却各不相同。运行结果如下:

```
一闪一闪亮晶晶……
啦啦啦我是卖报的小行家……
```

同样的道理,我们还可以制作出很多的子类来继承父类 horse_father,并且每个子类的 sing() 函数都可以让不同的子类唱不同的歌曲。我们可以通过方法重写实现类的多态。

189

22.6 国王的"天马卫队"——面向对象编程应用案例

通过学习关于面向对象编程的高级知识,派森开始帮助国王建造一支"卫队"。首先,他写出了一个父类——horse,这匹马忠于国王、喜欢吃草、叫声洪亮,其代码如下:

```python
class horse:
    master = 'Python王国国王'  # 马的主人
    def eat(self):
        print('嫩草叶真香哇!')
    def sound(self):
        print('咴儿咴儿')
```

接着,制造一些子类继承父类,包括擅长奔跑的"信使马"、擅长战斗的"主力马"、擅长负重的"运载马"和擅长飞行的"天马"。它们的技能都可以通过函数 skill() 来体现,代码如下:

```python
# 信使马
class horse_run(horse):
    def skill(self):
        print('我擅长奔跑,经常送军事情报。')
# 主力马
class horse_fight(horse):
    def skill(self):
        print('我擅长战斗,是战争中的核心力量。')
# 运载马
class horse_carry(horse):
    def skill(self):
        print('我擅长负重,负责运输军事物资。')
# 天马
class horse_fly(horse):
    def skill(self):
        print('我擅长飞行,擅长在空中打击敌人。')
```

下面我们来检阅一下这支"卫队",用下面的代码对各种马进行实例化,代码如下:

```python
myHorse_run = horse_run()
myHorse_fight = horse_fight()
```

第 22 关 王国的"天马卫队"——高级面向对象编程

```
myHorse_carry = horse_carry()
myHorse_fly = horse_fly()
```

首先,检查一下这些子类是否继承了父类的属性和方法,代码如下:

```
print(myHorse_run.master)      # 检查属性master
myHorse_fight.eat()            # 调用eat函数
myHorse_carry.sound()          # 调用sound函数
```

运行结果如下:

```
Python王国国王
嫩草叶真香哇!
咻儿咻儿
```

从上面的运行结果可以看出,每一个子类的对象都能完美地调用父类的方法。下面我们来看看各种"卫兵"的技能,代码如下:

```
myHorse_run.skill()
myHorse_fight.skill()
myHorse_carry.skill()
myHorse_fly.skill()
```

运行结果如下:

```
我擅长奔跑,经常送军事情报。
我擅长战斗,是战争中的核心力量。
我擅长负重,负责运输军事物资。
我擅长飞行,擅长空中打击敌人。
```

思考:你能通过以上学习的内容构建一支更加强大的"卫队"吗?

第 23 关

勇闯"死亡之路"——综合案例

本关要点：
掌握类的多重继承方法；
掌握用面向对象编程表达想法的方式；
掌握将"过程"封装成类的方法；
掌握类的综合应用。

派森在王宫里过得非常愉快，但是他知道自己不能一直留在这里，于是他多次向国王询问离开王国的路。最后国王为他指明了离开的道路，但是这是一段非常危险的道路，从来没有人能够活着通过这条路离开 Python 王国，因此这条路被称为离开王国的"死亡之路"。

派森愿意冒险，因为他太想回家了，国王又告诉了他关于"死亡之路"的更多细节。在通过这条路之前，派森应把自己转化为代码形式，并且需要经过 3 段最危险的路：有巨鱼怪兽的汪洋大海、有邪恶树木的黑森林、有100 只巨鹰怪兽出没的天空之城。

第 23 关 勇闯"死亡之路"——综合案例

23.1 变成代码的"派森"

为了能够顺利离开 Python 王国,派森开始编写"代码形式的自己"。他把自己定义为一个类 Py,用变量定义了自己的姓名、年龄、身高和爱好。国王说对抗怪兽需要能力,因此他又定义了一个代表能量的变量 energy。派森为自己设计了一个能够长高的函数 grow(),这个函数可以把能量值转化为身高。如果能量不够了怎么办?他想通过唱歌的方法获得能量,于是又设计了一个函数 sing()。转化为代码形式的派森就变成了下面的样子:

```
class Py:
    name = 'Python'              # 姓名
    age = '12'                   # 年龄
    height = 160                 # 身高
    hobby = 'programming'        # 爱好
    energy = 200                 # 能量
    def sing(self):              # 唱歌函数
        print('左手右手一个慢动作……')
        self.energy += 20
    def grow(self,num):          # 身高增长函数
        if num <= self.energy:
            self.height += num
            self.energy -= num
        else:
            print('能量不够')
        return self.height
```

不知道新的身体怎么样,派森迫不及待地要"动"一下新的身体,于是他写出了下面的代码:

```
me = Py()
print('我的基本信息:姓名:', me.name, '年龄:',\
      me.age, '身高:', me.height, '爱好:', me.hobby, '能量:', me.energy)
me.grow(100)
print('身高为', me.height, '能量为', me.energy)
me.sing()
print('能量为', me.energy)
```

上面的代码首先将类实例化,存储在变量 me 中,同时通过 print() 函数检查派森的姓名、年龄、身高、爱好、能量,接着通过唱歌检验了能量是否增长。派

森对运行结果非常满意，结果如下：

```
我的基本信息:姓名:Python 年龄:12 身高:160 爱好:programming 能量:200
身高为 250 能量为 200
左手右手一个慢动作……
能量为 220
```

23.2 "跨基因"塑造更加强壮的身体——多重继承

鹦鹉看到代码形式的派森，摇摇头，它认为现在的派森太弱小了，根本无法对抗"死亡之路"上的怪兽。于是，它教给派森一个能够"跨基因"学习其他物种本领的方法——多重继承。

23.2.1 多重继承的方法

之前派森已经学会了面向对象编程中继承的方法，但是只学习了继承一个类，这里学习的内容可以一次继承多个类。

多重继承的方法很简单，就是在定义类的时候，将多个父类同时放在新类名后的括号中，并且用逗号隔开。形式如下：

```
class 新类名(父类名1, 父类名2, …, 父类名x):
    其他方法
```

23.2.2 从"鸟""鱼""豹子"身上获得更强大的基因

派森决定用刚学会的多重继承从鸟类身上学习飞的方法、从鱼类身上学习深海游泳和潜水的方法、从豹子身上学习奔跑和战斗的方法。这样就能应对即将面临的种种险境。

首先派森定义了3个类Bird、Fish、Leopard，分别代表鸟类、鱼类和豹子，并且在相应的类里面分别定义飞的方法fly、游泳的方法swim、潜水的方法diving、奔跑的方法run、战斗的方法fight。3个类的代码如下：

```
# 鸟类
class Bird:
    def fly(self):
        print('我能飞!')
# 鱼类
```

第 23 关 勇闯"死亡之路"——综合案例

```
class Fish:
    def swim(self):
        print('我能游泳!')
    def diving(self):
        print('我擅长潜水!')
# 豹子
class Leopard:
    speed = 200
    def run(self):
        print('我擅长奔跑!')
    def fight(self):
        print('我擅长战斗')
```

接着，派森又定义了一个新的类 Me 来代表代码形式的派森，运用前面提到的多重继承的方法，使 Me 类同时继承 Py、Bird、Fish 和 Leopard 这 4 个类，代码如下：

```
# 多重继承
class Me (Py, Bird, Fish, Leopard):
    pass
```

我们来帮助派森验证一下多重继承是否能真正实现他想要的功能。首先，实例化 Me 类，将对象存储在变量 me 中，输出各项基本信息；然后检验是否能够通过唱歌改变能量的值；最后通过调用飞、游泳、潜水、奔跑、战斗等方法检验新的类 Me 是否完全继承了各个父类的方法，最终的代码如下：

```
me = Me()    # 实例化对象
print('基本信息:姓名:', me.name, '能量:', me.energy)
me.sing()
print('唱歌后能量为:', me.energy)
me.fly()
me.swim()
me.diving()
me.run()
me.fight()
```

运行结果显示多重继承能够完美地继承各个父类的方法，结果如下：

```
基本信息:姓名: Python 能量: 200
左手右手一个慢动作……
唱歌后能量为: 220
我能飞!
```

195

读故事学编程——Python 王国历险记

> 我能游泳！
> 我擅长潜水！
> 我擅长奔跑！
> 我擅长战斗！

23.3　战胜深海巨鱼怪兽

做好了前期的准备工作，派森告别了国王和鹦鹉。首先，他来到了汪洋大海边，在这里遇到了凶猛的巨鱼怪兽。

23.3.1　剖析巨鱼怪兽的秘密代码

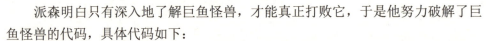

派森明白只有深入地了解巨鱼怪兽，才能真正打败它，于是他努力破解了巨鱼怪兽的代码，具体代码如下：

```
class BigFish:
    energyOfB = 260    # 能量
    swimSpeed = 100    # 速度
# 巨鱼怪兽潜水的函数
    def divingOfB(self, depth):      #  depth代表潜水深度
        if depth < 100:
            self.energyOfB = self.energyOfB - (100 - depth)
        if depth >= 100:
            self.energyOfB += int(depth / 2)
# 巨鱼怪兽快速游泳的函数
    def swimFast(self, depth):       #  depth代表潜水深度
        if depth < 100:
            self.swimSpeed -= int(100 - depth / 2)
        if depth >= 100:
            self.swimSpeed += depth
        return self.swimSpeed
```

从上面的代码中派森得知，巨鱼怪兽的类包括代表能量和速度的两个变量 energyOfB、swimSpeed；也包括潜水的方法 divingOfB 和快速游泳的方法 swimFast。派森惊奇地发现巨鱼怪兽在潜水时存在着弱点：当巨鱼怪兽潜水的深度大于 100 米的时候，它的能量随着深度值增大而增加；当巨鱼怪兽潜水的深度小于 100 米的时候，它的能量随着深度值减小而减少。因此，与巨鱼怪兽作战一定要在深度小的地方才有可能打败它。巨鱼怪兽在游泳时也存在着类似的情况：

第 23 关 勇闯"死亡之路"——综合案例

当巨鱼怪兽游泳的深度大于 100 米的时候,它的速度随着深度值增大而加快;当巨鱼怪兽游泳的深度小于 100 米的时候,它的速度随着深度值减小而放缓。

23.3.2 与巨鱼怪兽决斗

与巨鱼怪兽决斗一定要坚持一个原则——打得过就打,打不过就跑。派森将战斗的过程封装进一个类 CrossSea 里面:首先在初始化函数 __init__() 里面对派森和巨鱼怪兽的类进行实例化;然后将战斗的过程放在函数 fight() 中,通过比较自己和巨鱼怪兽的能量决定作战策略。当派森的能量大于巨鱼怪兽的能量时,能够取胜,调用派森的战斗方法;当派森的能量小于或等于巨鱼怪兽的能量时,无法取胜,可先通过调用游泳和潜水的方法逃走,之后再想办法。CrossSea 类的代码如下:

```
class CrossSea:
    def __init__(self, d):          # 参数d代表潜水深度
        self.me = Me()
        self.bigF = BigFish()        # 注意此处以self开头
        self.bigF.divingOfB(d)       # 注意此处以self开头
    def fight(self):
        if self.me.energy > self.bigF.energyOfB:
            self.me.fight()
            print('打败巨鱼怪兽,获得胜利!')
        else:
            self.me.swim()
            self.me.diving()
            print('巨鱼怪兽在后面追,要想想办法!')
```

注意: __init__() 函数中存储的实例化对象的变量以 self 开头。

下面是真正开始战斗的时候了,派森将战斗设定在水下 30 米的地方。运行下面的代码:

```
crossSea01 = CrossSea(30)
crossSea01.fight()
```

运行结果显示,在水下 30 米的地方,派森的能量大于巨鱼怪兽的能量,获得了胜利,结果如下:

```
我擅长战斗!
打败巨鱼怪兽,获得胜利!
```

想一想：如果改变派森与巨鱼怪兽作战时的水下深度，也就是改变 crossSea01=CrossSea(30) 中的数字，会出现什么样的结果呢？

23.3.3 继承巨鱼怪兽的方法

派森战胜了巨鱼怪兽，顺利通过了汪洋大海。为了提高自己的本领，他选择了继承巨鱼怪兽的类 BigFish。其实他主要看中的是巨鱼怪兽快速游泳的方法，继承代码如下：

```
class Me (Py, Bird, Fish, Leopard, BigFish):
    Pass
```

从巨鱼怪兽类的代码中可以看到，快速游泳的方法 swimFast 需要一个代表水下深度的变量 depth，然后根据深度计算并返回在该深度的游泳速度。为了看看自己是否能够像巨鱼一样快速游泳，他将深度设定为 90，代码如下：

```
me = Me()
me.swimFast(90)
```

运行结果显示速度为 45，如下：

```
45
```

23.4　穿越黑森林

离开汪洋大海，派森又走了两天，来到了黑森林。据说这片森林原本非常友好，很多人来此游玩，后来有人给这里施加了一些黑暗的魔法，使这里的一些树木变为吃人的"邪恶之树"。健康的树木被魔法诅咒之后会长出邪恶树芽，如果不进行救治，最后它们就会变为邪恶之树。派森只有治好所有长出邪恶树芽的树木，并且消灭所有的邪恶之树，才能顺利通过这片危险的黑森林。

23.4.1 黑森林中各种树木的类

黑森林中一共有 3 种树木：第一种是健康的树；第二种是长出邪恶树芽的树；第三种是邪恶之树。每一种树木都有一个类，各个类中的变量 state 存储了树木的种类信息，函数 effect() 代表树木的状态，代码如下：

第 23 关 勇闯"死亡之路"——综合案例

```
# 健康树木的类:
class TreeGood:
    state = '健康的树'
    def effect():
        print('欢迎来到美丽森林!')
# 初步变坏树木的类
class TreeChange:
    state = '长出邪恶树芽的树'
    def effect():
        print('我感觉我无法控制自己!')
# 邪恶树木的类
class TreeBad:
    state = '邪恶之树'
    def effect():
        print('我要消灭你!')
```

23.4.2 森林的类

每种树木是一个类,其实整个黑森林也是一个类,类名为 DarkForest。黑森林的类里面通过一个列表 treeList 存储了各种树木的对象。各种树木的实例化过程就在初始化函数 __init__() 中进行。由于黑森林是被魔法诅咒的,所以每次看都是不一样的,这一点是通过随机函数实现的。随机函数随机生成 1～9 范围内的整数,当生成数为 1～3 的时候,为健康的树;当生成数为 4～6 的时候,为长出邪恶树芽的树;当生成数为 7～9 的时候,为邪恶之树。

在森林类 DarkForest 中定义了两个方法 checkTree 和 countTree。countTree 用于统计现有树木的数量,checkTree 通过索引值(即树木编号)查看存储在列表 treeList 中树木的种类或者状态。DarkForest 类的代码如下:

```
import random
class DarkForest:
    treeList = []
    def __init__(self):
        for i in range(999):
            n = random.randint(1, 9)
            if n <= 3:
                myTree = TreeGood()
                self.treeList.append(myTree)
            elif n > 3 and n <= 6:
                myTree = TreeChange()
                self.treeList.append(myTree)
```

```
            else:
                myTree = TreeBad()
                self.treeList.append(myTree)
    # 检查树木种类的函数
    def checkTree(self, num):
        if num < len(self.treeList):
            print('这是一棵', self.treeList[num].state)
        else:
            print('树的编号错误!')
    # 统计现有树木数量的函数
    def countTree(self):
        print('现有树木总数为:', len(self.treeList))
```

派森将黑森林类实例化,检查了编号为 10 的树木的种类及状态,代码如下:

```
forest = DarkForest()
forest.countTree()
forest.checkTree(10)
forest.treeList[10].effect()
```

运行结果显示黑森林中一共有 999 棵树,编号为 10 的树木是一棵长了邪恶树芽的树,它感觉自己已经无法控制自己了,如下:

```
现有树木总数为: 999
这是一棵 长出邪恶树芽的树
我感觉我无法控制自己!
```

23.4.3　为黑森林治病

派森若想通过黑森林,就必须先为它治病。长出邪恶树芽的树只需要去掉树芽就能变为健康的树,但是已经变为邪恶之树的树木必须除掉。治疗过程在代码的操作中体现为通过索引值调用列表 treeList 中存储的树木对象,将长出邪恶树芽的树的 state 赋值为健康的树,将邪恶之树的 state 直接设为空字符串。

派森将为黑森林治疗的过程封装在一个名为 Cure 的类里面,其中的 count() 函数用于统计各种树木的数量,cure() 函数用于实施具体的治疗过程。Cure 类的代码如下:

```
class Cure:
    def __init__(self):
        self.forest = DarkForest()
        self.forest.countTree()
```

第23关 勇闯"死亡之路"——综合案例

```
    def count(self):
        numOfGood = 0          # 健康树木的数量
        numOfChange = 0        # 初步变坏树木的数量
        numOfBad = 0           # 邪恶树木的数量
        for i in self.forest.treeList:
            if i.state == '健康的树':
                numOfGood += 1
            elif i.state == '长出邪恶树芽的树':
                numOfChange += 1
            elif i.state == '邪恶之树':
                numOfBad += 1
        print('树木总数为：', numOfGood + numOfChange + numOfBad, \
            '健康树木数量为：',numOfGood,'初步变坏树木数量为：', \
            numOfChange, '邪恶树木数量为：', numOfBad)
    def cure(self):
        for i in range(len(self.forest.treeList)):
            if self.forest.treeList[i].state == '长出邪恶树芽的树':
                self.forest.treeList[i].state = '健康的树'
            elif self.forest.treeList[i].state == '邪恶之树':
                self.forest.treeList[i].state = ''
```

接着派森开始对黑森林进行治疗，代码如下：

```
c = Cure()         # 实例化
c.count()          # 统计各种树木的数量
c.cure()           # 治疗过程
c.count()          # 再次统计数量
```

派森治好了黑森林，运行结果如下：

```
树木总数为： 999 健康树木数量为： 342 初步变坏树木数量为： 307 邪恶树木数量为： 350
树木总数为： 649 健康树木数量为： 649 初步变坏树木数量为： 0 邪恶树木数量为： 0
```

23.5 有100只巨鹰怪兽的天空之城

派森来到了"死亡之路"最艰难的一段——有100只巨鹰怪兽的天空之城。派森只有打败这100只巨鹰怪兽，才能顺利通过"死亡之路"。

201

23.5.1 巨鹰怪兽的类

巨鹰怪兽的类名为 BigBird，变量 energyOfBird 与 speedOfBird 代表能量与速度。通过函数 addSpeed() 可以将能量转化为相等数值的速度；通过函数 addEnergy() 可以将速度转化为相等数值的能量，代码如下：

```
import random
class BigBird:
    energyOfBird = random.randint(200, 1000)    # 巨鹰怪兽的能量
    speedOfBird = random.randint(50, 500)       # 巨鹰怪兽的速度
    def addSpeed(self, num):     # num代表将要转化为速度的数值
        if num < self.energyOfBird:
            self.energyOfBird -= num
            self.speedOfBird += num
    def addEnergy(self, num):    # num代表将要转化为能量的数值
        if num < self.speedOfBird:
            self.speedOfBird -= num
            self.energyOfBird += num
```

派森想通过下面的代码看看巨鹰怪兽是否真有这些本领：

```
bigBird = BigBird()
print(bigBird.energyOfBird)
print(bigBird.speedOfBird)
bigBird.addSpeed(100)
print(bigBird.energyOfBird)
print(bigBird.speedOfBird)
```

上述代码首先将巨鹰怪兽的类 BigBird 实例化并存储在变量 bigBird 中，并将 100 的能量转化为速度。结果显示能量由 412 变为 312，速度由 196 变为 296，如下：

```
412
196
312
296
```

23.5.2 进化，继承巨鹰怪兽的优势

派森觉得这种速度与能量之间转化的本领很有用，于是决定继承巨鹰怪兽的类。这需要通过重写方法将能量与速度变为自己的，代码如下：

第23关 勇闯"死亡之路"——综合案例

```
class Me (Py, Bird, Fish, Leopard, BigFish, BigBird):
    def addSpeed(self, num):
        if num < self.energy:
            self.energy -= num
            self.speed += num
    def addEnergy(self, num):
        if num < self.speed:
            self.speed -= num
            self.energy += num
```

23.5.3 打败第一只巨鹰怪兽的两种方法

派森将与巨鹰怪兽战斗的过程封装进一个名为 CrossSky 的类里。在初始化函数 __init__() 中对派森和巨鹰两个类进行实例化,将战斗过程封装到函数 fight() 中。在战斗过程中,如果派森的能量大于巨鹰怪兽的能量,派森就会直接打败它;如果派森的能量小于巨鹰怪兽的能量,但是速度比巨鹰怪兽快,派森就可以快跑甩掉巨鹰怪兽;如果派森的能量和速度都比不过巨鹰怪兽,那么他就需要想办法补充能量了。fight() 函数会告知派森在能量和速度两个方面他与巨鹰怪兽相差的数值。

CrossSky 类中也提供了一个提高能量的函数 meAddEnergy(),该函数调用 sing() 函数增加能量,参数 n 为调用 sing() 函数的次数。CrossSky 类的代码如下:

```
class CrossSky:
    def __init__(self):
        self.me = Me()
        self.bigBird = BigBird()
    def fight(self):
        if self.me.energy > self.bigBird.energyOfBird:
            self.me.fight()
            print('战胜了巨鹰怪兽!')
        elif self.me.speed > self.bigBird.speedOfBird and self.me.energy < self.bigBird.energyOfBird:
            print('快跑!……成功逃脱。')
        elif self.me.speed < self.bigBird.speedOfBird and self.me.energy < self.bigBird.energyOfBird:
            print('需要补充能量!')
# 与鸟相比,速度差距
            numOfSpeed = self.bigBird.speedOfBird - self.me.speed
# 与鸟相比,能量差距
            numOfEnergy = self.bigBird.energyOfBird - self.me.energy
```

```
                print('速度相差:', numOfSpeed, '能量相差', numOfEnergy)
    def meAddEnergy(self, n):
        for i in range(n):
            self.me.sing()
```

派森想通过下面的代码测试一下,看看能否打败第一只巨鹰怪兽:

```
crossSky = CrossSky()
crossSky.fight()
```

结果显示派森的速度和能量都不能战胜巨鹰怪兽,如下:

```
需要补充能量!
速度相差: 167 能量相差 75
```

现在战胜第一只巨鹰怪兽的方法有两种。第一种方法,通过调用函数 meAddEnergy() 增加能量,现在派森与巨鹰怪兽的能量相差 75,唱一首歌能量可以增加 20,所以代码如下:

```
crossSky.meAddEnergy(4)
```

再次运行战斗函数:

```
crossSky.fight()
```

派森终于战胜了第一只巨鹰怪兽:

```
我擅长战斗!
战胜了巨鹰怪兽!
```

第二种方法,用继承巨鹰怪兽的方法 addEnergy() 将速度转化为能量,代码如下:

```
crossSky.me.addEnergy(80)
crossSky.fight()
```

运行结果显示,这样派森也可以战胜巨鹰怪兽:

```
我擅长战斗!
战胜了巨鹰怪兽!
```

23.5.4 "自动"补充能量功能

打败第一只巨鹰怪兽的过程需要根据数值计算并手动调用方法,这样效率

第23关　勇闯"死亡之路"——综合案例

太低。能否设定一种方法,通过计算派森与巨鹰怪兽之间的数值差距自动智能补充能量呢?当然可以,派森将这一方法封装在一个名为auto()的函数中,因为能量和速度是可以互相转化的,所以应计算他自己的能量和速度之和。如果这个数值大于巨鹰怪兽的数值,就可以直接通过方法addEnergy()将速度转化为能量战胜巨鹰怪兽;如果这个数值小于巨鹰怪兽的数值,则只能通过调用函数meAddEnergy()来增加能量,并且该函数的参数也可以直接根据需要计算出来。调用auto()函数的代码如下:

```
def auto(self):   # 自动调整能量
    if self.me.energy + self.me.speed > self.bigBird.energyOfBird:
        self.me.addEnergy(self.bigBird.energyOfBird - self.me.energy)
        self.fight()
    else:
        self.meAddEnergy((self.bigBird.energyOfBird - self.me.energy) // 20 + 1)
        self.fight()
```

派森可以将auto()函数放入类中,并在自己的能量小于巨鹰怪兽的能量时调用。现在CrossSky类的完整代码如下:

```
class CrossSky:
    def __init__(self):
        self.me = Me()
        self.bigBird = BigBird()
    def fight(self):
        if self.me.energy > self.bigBird.energyOfBird:
            self.me.fight()
            print('战胜了巨鹰怪兽!')
        elif self.me.speed > self.bigBird.speedOfBird and self.me.energy < self.bigBird.energyOfBird:
            print('快跑!……成功逃脱。')
        elif self.me.speed < self.bigBird.speedOfBird and self.me.energy < self.bigBird.energyOfBird:
            print('需要补充能量!')
            # 与巨鹰怪兽相比,速度差距
            numOfSpeed = self.bigBird.speedOfBird - self.me.speed
            # 与巨鹰怪兽相比,能量差距
            numOfEnergy = self.bigBird.energyOfBird - self.me.energy
            print('速度相差:',numOfSpeed,'能量相差',numOfEnergy)
            self.auto()
    def meAddEnergy(self, n):
```

```
            for i in range(n):
                self.me.sing()
        def auto(self):    # 自动调整能量
            if self.me.energy + self.me.speed > self.bigBird.energyOfBird:
                self.me.addEnergy(self.bigBird.energyOfBird - self.me.
energy)
                self.fight()
            else:
                self.meAddEnergy((self.bigBird.energyOfBird - self.me.
energy) // 20 + 1)
                self.fight()
```

23.5.5 战胜99只巨鹰怪兽

如果像战胜第一只巨鹰怪兽那样手动调整作战方法，就会需要很长时间。现在派森有了"自动"补充能量功能，战胜其他巨鹰怪兽的难度就降低了很多。派森修改了战斗过程的类CrossSky，在初始化函数 __init__() 中通过循环将99只巨鹰怪兽对象存储在列表bigBirdList中，并设定战斗开始函数run()。CrossSky类的完整代码如下：

```
class CrossSky:
    bigBirdList = []  # 巨鹰怪兽类列表，用于存放巨鹰怪兽类对象
    def __init__(self):
        self.me = Me()
        for i in range(99):
            self.bigBird = BigBird()
            self.bigBirdList.append(self.bigBird)
    # 战斗过程函数
    def fight(self, i):
        self.me.energy = 200
        self.me.speed = 200
        if self.me.energy > i.energyOfBird:
            self.me.fight()
            print('战胜了巨鹰怪兽！')
        elif self.me.speed > i.speedOfBird and self.me.energy < i.
energyOfBird:
            print('快跑！……成功逃脱。')
        elif self.me.speed < i.speedOfBird and self.me.energy < i.
energyOfBird:
            print('需要补充能量！')
            # 与巨鹰怪兽相比，速度差距
```

第23关 勇闯"死亡之路"——综合案例

```
            numOfSpeed = i.speedOfBird - self.me.speed
            # 与巨鹰怪兽相比，能量差距
            numOfEnergy = i.energyOfBird - self.me.energy
            print('速度相差:', numOfSpeed, '能量相差', numOfEnergy)
            self.auto(i)
    # 增加能量函数
    def meAddEnergy(self, n):
        for i in range(n):
            self.me.sing()
    # 自动调整补充能量函数
    def auto(self, someone):  # 自动调整能量，someone代表bigBird实例
        if self.me.energy + self.me.speed > someone.energyOfBird:
            self.me.addEnergy(someone.energyOfBird - self.me.energy)
        else:
            self.meAddEnergy((someone.energyOfBird - self.me.energy)
// 20 + 1)
        if self.me.energy > someone.energyOfBird:
            print('战胜了一只巨鹰怪兽')
    # 战斗开始函数
    def run(self):
        for i in self.bigBirdList:
            self.fight(i)
```

激动人心的时刻到来了，派森只需要运行下面的两行代码，就可以依次战胜 99 只巨鹰怪兽了。

```
crossSky = CrossSky()
crossSky.run()
```

运行结果太长了，但是很精彩，你自己运行感受一下吧！

想一想：如果只需要修改一个数值就可以一次性战胜 10 000 只巨鹰怪兽，那么你知道应该修改哪个数值吗？

第 24 关

巨象山谷——综合案例

本关要点：
掌握二维数组的定义及使用方法；
掌握用面向对象编程表达想法的方式；
掌握将"过程"封装成类的方法；
掌握类的综合应用。

派森来到一个幽暗的巨象山谷，山谷里面时常传来大象恐怖的尖叫声。听说这里的巨象都是被诅咒过的，经常攻击过路的人，但这里是离开 Python 王国的唯一通道，因此派森只能硬着头皮向前走。

24.1 躲过一只巨象的攻击

派森刚进入山谷就遇到一只巨象。为了降低被攻击的可能性，派森快速研究了一下巨象的类，并根据巨象的类制定了代表自己的类和躲过巨象攻击过程的类。

第 24 关　巨象山谷——综合案例

24.1.1　巨象的类

巨象的类的名字为 Elephant，变量 position 用于存储巨象所在的位置，函数 EleWalk() 用于模拟巨象走动并停在某一点的过程。这里用到了随机函数，用于生成巨象走到的位置，巨象的坐标数值范围为 1~100。巨象的类的完整代码如下：

```
import random
class Elephant:
    position = [0, 0]
    # 巨象走动的函数
    def EleWalk(self):
        myX = random.randint(1, 100)
        self.position[0] = myX
        myY = random.randint(1, 100)
        self.position[1] = myY
        print('巨象走到的位置为：', (myX, myY))
```

24.1.2　派森的类

Me_2 代表派森的类，同样用一个变量 position 存储派森所在的位置，用一个代表走动的函数 MeWalk() 模拟派森走动并停在某一点——position。这里派森的坐标数值范围与巨象的坐标数值范围一致，同样为 1~100。派森的类的完整代码如下：

```
class Me_2:
    position = [0, 0]
    # 派森走动的函数
    def MeWalk(self):
        myX = random.randint(1, 100)
        self.position[0] = myX
        myY = random.randint(1, 100)
        self.position[1] = myY
        print('派森走到的位置为：', (myX, myY))
```

24.1.3　躲过巨象攻击过程的类

躲过巨象攻击的过程可以封装到一个类里面，取名为 Escape。在初始化函数

__init__() 中分别实例化巨象和派森,并分别调用代表走动的函数,使他们各自停在某一个位置上。函数 escape() 通过巨象和派森所停的位置是否重合来判断派森是否受到攻击,若两个坐标位置重合,则表明派森被攻击了。这个过程类代码如下:

```
class Escape:
    def __init__(self):
        self.elephant = Elephant()
        self.me = Me_2();
        self.elephant.EleWalk()
        self.me.MeWalk()
    def escape(self):
        if self.elephant.position[0] == self.me.position[0]\
           and self.elephant.position[1] == self.me.position[1]:
            print('你受到了巨象的攻击!')
        else:
            print('你成功避开了巨象的攻击!')
```

我们可以通过下面的两行代码测试一下:

```
esc = Escape()
esc.escape()
```

运行结果显示派森躲过了巨象的攻击,如下:

```
巨象走到的位置为: (65, 14)
派森走到的位置为: (86, 54)
你成功避开了巨象的攻击!
```

24.2 更加危险的巨象

巨象还可以变得更加危险,主要体现在两个方面:一是巨象的活动范围可以缩小,二是一只巨象可以发起多次攻击。

24.2.1 缩小范围的攻击

我们从类代码中可以发现,巨象的活动范围受到了限制。因为派森的活动范围与巨象的保持一致,所以活动范围缩小的时候,派森就更容易受到巨象的攻击。在下面巨象的类中,增加了一个变量 maxNum,其代表巨象活动范围的边长

第 24 关　巨象山谷——综合案例

（巨象的活动范围为一个正方形）。这个变量可以在实例化的时候重新赋值，见下面代码中的 __init__() 函数，并且将 maxNum 作为随机数的最大值限制巨象的活动范围，完整代码如下：

```
import random
class Elephant:
    maxNum = 100       # maxNum为巨象活动范围的最大边长
    position = [0, 0]  # 巨象走到的位置
    def __init__(self, num):
        self.maxNum = num
    # 代表巨象走动的函数
    def EleWalk(self):
        myX = random.randint(1, self.maxNum)
        self.position[0] = myX
        myY = random.randint(1, self.maxNum)
        self.position[1] = myY
        print('巨象走到的位置为：', (myX, myY))
        return (myX, myY)
```

派森的类 Me_2 也要模仿巨象类进行同样的修改，使派森的活动范围也受到限制，并保持与巨象的活动范围一致，代码如下：

```
class Me_2:
    maxNum = 100   # maxNum为派森活动范围的最大边长
    def __init__(self, num):
        self.maxNum = num
    position = [0, 0]
    # 代表派森走动的函数
    def MeWalk(self):
        myX = random.randint(1, self.maxNum)
        self.position[0] = myX
        myY = random.randint(1, self.maxNum)
        self.position[1] = myY
        print('派森走到的位置为：', (myX, myY))
```

躲避巨象攻击过程的类变化不大，主要体现在 __init__() 函数中的类的实例化过程需要添加参数，代码如下：

```
class Escape:
    #maxNum = 100   # maxNum为巨象和派森活动范围的最大边长
    def __init__(self, maxNum):
        self.elephant = Elephant(maxNum)
        self.me = Me_2(maxNum);
```

211

```
            self.elephant.EleWalk()
            self.me.MeWalk()
    def escape(self):
        if self.elephant.position[0] == self.me.position[0]\
            and self.elephant.position[1] == self.me.position[1]:
            print('你受到了巨象的攻击!')
        else:
            print('你成功避开了巨象的攻击!')
```

我们通过下面的代码进行测试,将巨象和派森的活动范围变为1~10,如下:

```
esc = Escape(10)
esc.escape()
```

从运行结果可以看到,派森和巨象的活动范围确实为1~10,但是派森还是成功躲过了巨象的攻击,如下:

```
巨象走到的位置为:    (8, 2)
派森走到的位置为:    (4, 3)
你成功避开了巨象的攻击!
```

24.2.2 多次攻击、范围缩小

更加危险的巨象可以进行多次攻击,并且一次比一次活动范围小。这时候整个过程可能是这样的:巨象对派森进行10次攻击,并且每次的攻击范围缩小10个单位,代码如下:

```
def run():
    i = 100
    while i > 10:
        esc = Escape(i)
        esc.escape()
        i = i - 10
```

我们可以用下面的简单代码运行这个过程:

```
run()
```

运行结果如下:

```
巨象走到的位置为:    (94, 32)
派森走到的位置为:    (84, 22)
```

第 24 关　巨象山谷——综合案例

```
你成功避开了巨象的攻击！
巨象走到的位置为：  (17, 72)
派森走到的位置为：  (77, 34)
你成功避开了巨象的攻击！
巨象走到的位置为：  (53, 16)
派森走到的位置为：  (70, 39)
你成功避开了巨象的攻击！
巨象走到的位置为：  (64, 45)
派森走到的位置为：  (6, 63)
你成功避开了巨象的攻击！
巨象走到的位置为：  (8, 29)
派森走到的位置为：  (16, 7)
你成功避开了巨象的攻击！
巨象走到的位置为：  (38, 25)
派森走到的位置为：  (43, 4)
你成功避开了巨象的攻击！
巨象走到的位置为：  (15, 36)
派森走到的位置为：  (32, 25)
你成功避开了巨象的攻击！
巨象走到的位置为：  (18, 18)
派森走到的位置为：  (11, 11)
你成功避开了巨象的攻击！
巨象走到的位置为：  (11, 7)
派森走到的位置为：  (11, 14)
你成功避开了巨象的攻击！
```

24.3　象群的攻击

大象是群居动物，即使受到了诅咒，依然如此。因此，派森要时刻提防成群巨象的攻击。为了避免措手不及，派森开始研究象群的函数。与对抗单只巨象相比，巨象和派森的类没有变化，变化主要体现在过程类 Escape 中。

在过程类 Escape 中，设置一个列表变量 elephantList 来存储象群中每只巨象的坐标位置，通过 for 循环将巨象的位置依次存入其中。在初始化函数 __init__() 中增加一个代表巨象数量的参数 numOfElephant。最后通过 for 循环将每只巨象的坐标位置与派森的坐标位置比较，坐标位置重合即表示派森受到攻击。过程类代码如下：

```
class Escape:
    elephantList = []    # 巨象位置列表
```

```
    def __init__(self, maxNum, numOfElephant):
        # 参数maxNum为巨象活动范围的最大边长，numOfElephant为巨象数量
        for i in range(numOfElephant):
            elephant = Elephant(maxNum)
            elephant.EleWalk()
            # elephant.EleWalk()返回位置坐标
            self.elephantList.append(elephant.EleWalk())
        self.me = Me_2(maxNum);
        self.me.MeWalk()
    def escape(self):
        for i in self.elephantList:
            print('巨象的位置为:', (i[0], i[1]), '派森的位置为:', (self.me.position[0], self.me.position[1]))
            if i[0] == self.me.position[0]\
            and i[1] == self.me.position[1]:
                print('你受到了巨象的攻击！')
            else:
                print('你成功避开了巨象的攻击！')
```

派森通过下面的代码迎接象群的攻击：

```
esc = Escape(5, 10)
esc.escape()
```

运行结果如下：

```
巨象的位置为：  (5, 5) 派森的位置为：  (4, 1)
你成功避开了巨象的攻击！
巨象的位置为：  (5, 4) 派森的位置为：  (4, 1)
你成功避开了巨象的攻击！
巨象的位置为：  (3, 3) 派森的位置为：  (4, 1)
你成功避开了巨象的攻击！
巨象的位置为：  (5, 4) 派森的位置为：  (4, 1)
你成功避开了巨象的攻击！
巨象的位置为：  (5, 5) 派森的位置为：  (4, 1)
你成功避开了巨象的攻击！
巨象的位置为：  (5, 1) 派森的位置为：  (4, 1)
你成功避开了巨象的攻击！
巨象的位置为：  (5, 3) 派森的位置为：  (4, 1)
你成功避开了巨象的攻击！
巨象的位置为：  (4, 3) 派森的位置为：  (4, 1)
你成功避开了巨象的攻击！
巨象的位置为：  (5, 2) 派森的位置为：  (4, 1)
你成功避开了巨象的攻击！
```

第 24 关 巨象山谷——综合案例

> 巨象的位置为：(5，3) 派森的位置为：(4，1)
> 你成功避开了巨象的攻击！

24.4 勇闯僵尸巨象营地

派森在山谷中走了很久，来到了"僵尸巨象营地"。这里是一片 *n*×*n* 的正方形巨象墓地。死去的巨象被咒语诅咒，当有路人经过的时候就会发起攻击。派森需要依次选择合适的位置，尽量减少被攻击的次数。

24.4.1 二维数组

要顺利通过僵尸巨象营地，首先应了解二维数组。在 Python 语言中，二维数组主要通过列表的嵌套来实现，也就是将固定长度的列表作为元素存入另一个数组中。

例如，通过下面的代码生成一个 3×3 的二维数组，数组中的每个元素为 1～9 之间的随机数：

```
import random
list2 = []
for i in range(3):
    list1 = []   # 如果把这行代码放在循环外面就会出错
    for j in range(3):
        x = random.randint(1, 9)
        list1.append(x)
    list2.append(list1)
print(list2)
```

需要注意一下，list1=[] 一定要放在两次循环之间，否则就会出现数组中元素相同的结果。如下面的代码只改变了 list1 = [] 的位置，就无法得到我们想要的

结果了,代码如下:

```
list2 = []
list1 = []
for i in range(3):
    for j in range(3):
        x = random.randint(1, 9)
        list1.append(x)
    list2.append(list1)
print(list2)
```

运行结果如下:

```
[[6, 6, 4, 7, 9, 5, 4, 8, 3], [6, 6, 4, 7, 9, 5, 4, 8, 3], [6, 6, 4, 7, 9, 5, 4, 8, 3]]
```

24.4.2 僵尸巨象营地的类

僵尸巨象营地的类为 ZombieZone,通过二维数组 zone 确定各个位置是否有僵尸巨象。初始化函数 __init__() 中的参数 num 为正方形区域的边长。通过随机数 1~10 设定某个位置是否有僵尸巨象,当随机数小于或等于 3 的时候,存在僵尸巨象,元素被赋值为"僵尸巨象的位置"。僵尸巨象营地的类的代码如下:

```
import random
class ZombieZone:
    zone = []                      # 僵尸巨象营地
    def __init__(self, num):       # num为正方形区域的边长
        for x in range(num):
            # 僵尸巨象营地一行(这行代码一定要放在循环内,否则结果不对!)
            zoneLine = []
            for y in range(num):
                nn = random.randint(1, 10)
                if nn <= 3:
                    zoneLine.append('僵尸巨象的位置')
                else:
                    zoneLine.append('')
            self.zone.append(zoneLine)
```

24.4.3 派森的类

在代表派森的类 Me_3 中,我们用二维数组 positionList 存储派森的行动路

第 24 关 巨象山谷——综合案例

线。派森经过的地方，二维数组元素被赋值为"派森的位置"，否则会被赋值为空字符串。Me_3 类的代码如下：

```python
class Me_3:
    positionList = []       # 派森的行动路线
    def __init__(self, num):  # num为正方形区域的边长
        for x in range(num):
            positionLine = []
            for y in range(num):
                positionLine.append('')
            self.positionList.append(positionLine)
        for j in range(num):
            p = random.randint(0, num - 1)
            self.positionList[j][p] = '派森的位置'
        print(self.positionList)
```

24.4.4 通过僵尸巨象营地过程的类

派森通过僵尸巨象营地的过程被封装在类 CrossZZone 中。变量 positions 代表营地边长，其可以在初始化函数 __init__() 中被重新赋值。函数 cross() 用于模拟通过的过程，当僵尸巨象和派森的两个二维数组中的某个位置重合时，则说明派森被僵尸巨象攻击了。如果每一步顺利通过，则会反馈信息"顺利通过！"。

```python
class CrossZZone:
    positions = 5  # 默认的营地边长
    def __init__(self, n):
        self.positions = n
        self.zom = ZombieZone(n)
        self.me = Me_3(n)
    def cross(self):
        for x in range(self.positions):
            for y in range(self.positions):
                if self.zom.zone[x][y] == '僵尸巨象的位置' and self.me.positionList[x][y] == '派森的位置':
                    print('你被僵尸巨象攻击了！')
                    break
                else:
                    print('', end='')
                    if y == self.positions - 1:  # 检测完最后一个位置
                        print('顺利通过！')
```

217

执行下面的代码：

```
crossZ = CrossZZone(15)
crossZ.cross()
```

运行结果如下：

```
顺利通过！
顺利通过！
顺利通过！
顺利通过！
顺利通过！
顺利通过！
顺利通过！
你被僵尸巨象攻击了！
顺利通过！
顺利通过！
你被僵尸巨象攻击了！
你被僵尸巨象攻击了！
你被僵尸巨象攻击了！
你被僵尸巨象攻击了！
顺利通过！
```

24.5　破解咒语的宝石

派森顺利通过了僵尸巨象营地，但他只有找到山谷中的"宝石"才能破解巨象们的诅咒，并让僵尸巨象不再攻击路人。于是派森来到"宝石阵"寻找传说中的宝石。

24.5.1　设置"宝石阵"

"宝石阵"同样是 $n×n$ 的正方形区域，用二维数组 stoneArray 表示。在 stoneArray 中随机选取某一个位置存放宝石，代码如下：

```
stoneArray = []  # 宝石阵二维数组地图
def __init__(self, n):
    for i in range(n):
        stoneLine = []   # 每一行宝石阵地图
        for y in range(n):
            stoneLine.append('')
```

第 24 关　巨象山谷——综合案例

```
            self.stoneArray.append(stoneLine)
    myx = random.randint(0, n - 1)
    myy = random.randint(0, n - 1)
    self.stoneArray[myx][myy] = '宝石'   # 在二维数组中存放宝石
```

24.5.2　寻找宝石的过程

寻找宝石的过程用函数 findStone() 表示。变量 haveFind 用于表示是否找到宝石这一状态。因为"宝石阵"有"大魔头"看守,"大魔头"会在有人进入"宝石阵"的 20 秒内醒来,所以这里用了时间戳功能,用于计算找出宝石的时间。只要在 20 秒的时间内找到宝石,就可以拯救巨象山谷,继续前行;否则就会被"大魔头"抓住。这个功能我们可以通过 while 循环与 input() 函数来实现。函数 findStone() 的代码如下:

```
def findStone(self):
    haveFind = False                         # 是否找到宝石
    timeBegin = time.time()                  # 开始的时间
    while haveFind == False:
        myx = int(input('选择第几行:')) - 1   # 减1是为了与索引值对应
        myy = int(input('选择第几列:')) - 1   # 减1是为了与索引值对应
        timeEnd = time.time()                # 计时时间节点
        timeTotal = timeEnd - timeBegin
        if self.stoneArray[myx][myy] == '宝石' and timeTotal < 20:
            print('及时找到宝石!你拯救了巨象山谷!可以继续前行了!')
            break
        elif self.stoneArray[myx][myy] != '宝石' and timeTotal < 20:
            print('没找到,再试一次!')
        elif  timeTotal >= 20:
            print('大魔头醒了,你被抓住了!')
            break
```

24.5.3　寻找破解咒语的宝石的过程的类

我们将上面的代码合并到一个类中,用来表示找到破解咒语的宝石的过程。我们将这个过程类命名为 Stone,其完整代码如下:

```
import random
import time
class Stone:
    stoneArray = []  # 宝石阵二维数组地图
```

```
    def __init__(self, n):
        for i in range(n):
            stoneLine = []       # 每一行宝石阵地图
            for y in range(n):
                stoneLine.append('')
            self.stoneArray.append(stoneLine)
        myx = random.randint(0, n - 1)
        myy = random.randint(0, n - 1)
        self.stoneArray[myx][myy] = '宝石'  # 在二维数组中存放宝石
    def findStone(self):
        haveFind = False                      # 是否找到宝石
        timeBegin = time.time()               # 开始的时间
        while haveFind == False:
print('你现在面临的宝石阵为: ', len(self.stoneArray), '*', len(self.stoneArray))
            myx = int(input('选择第几行:')) - 1  # 减1是为了与索引值对应
            myy = int(input('选择第几列:')) - 1  # 减1是为了与索引值对应
            timeEnd = time.time()              # 计时时间节点
            timeTotal = timeEnd - timeBegin
            if self.stoneArray[myx][myy] == '宝石' and timeTotal < 20:
                print('及时找到宝石！你拯救了巨象山谷！可以继续前行了！')
                break
            elif self.stoneArray[myx][myy] != '宝石' and timeTotal < 20:
                print('没找到，再试一次！')
            elif  timeTotal >= 20:
                print('大魔头醒了，你被抓住了！')
                break
```

我们通过下面的代码测试寻找宝石的过程，如下：

```
stone = Stone(3)
stone.findStone()
```

运行结果如下：

```
你现在面临的宝石阵为:  3 * 3
选择第几行: 3
选择第几列: 2
没找到，再试一次！
你现在面临的宝石阵为:  3 * 3
选择第几行: 3
选择第几列: 1
及时找到宝石！你拯救了巨象山谷！可以继续前行了！
```

派森离开了巨象山谷，回家的路越来越近了。

第 25 关

时空之门——综合案例

本关要点：
掌握有时间限制机制的设定方法；
掌握用字符图案辅助表达的方法；
掌握用面向对象编程表达想法的方式；
掌握将"过程"封装成类的方法；
掌握类的综合应用。

派森来到传说中的"时空之门"，只要通过它，就能回到现实世界了。国王曾经告诉他：要通过"时空之门"，首先要呼唤出"天梯"，乘坐"天梯"到达"时空之门"；然后打开"时空之门"的几道密码锁；最后到达"云桥"，顺利通过后就可以回到现实世界了。

25.1 呼唤"天梯"

来到"时空之门"所在地,派森发现门在高高的天空中,只有呼唤出连接"时空之门"的"天梯",才能沿梯而上,到达门前。

25.1.1 聪明人才能乘"天梯"

只有聪明人才能呼唤出"天梯"。什么样的人才是聪明人呢?Python 王国对聪明人的定义为"能在 10 秒内答对至少 5 道题的人"。派森开始研究呼唤"天梯"的函数 compute()。该部分引用了随机函数和时间函数:随机函数用来生成 20 以内的加法题目,时间函数用来计时。变量 answerRight 和 answerWrong 分别代表答对题目数和答错题目数。通过 while 循环和条件 if 语句控制答题的进程,当时间大于 10 秒的时候停止出题并返回最终结果。compute() 函数代码如下:

```python
import random
import time
    def compute(self):
        answerRight = 0                         # 答对题目数
        answerWrong = 0                         # 答错题目数
        timeBegin = time.time()                 # 开始时间节点
        while True:
            timeEnd = time.time()               # 结束时间节点
            timeCost = timeEnd - timeBegin      # 计算耗时多少
            num1 = random.randint(1, 9)
            num2 = random.randint(1, 9)
            num3 = num1 + num2
            num4 = input(str(num1) + '+' + str(num2) + '=')
            if int(num4) == num3 and timeCost <= 10:
                answerRight += 1
                print('回答正确!')
            elif int(num4) != num3 and timeCost <= 10:
                answerWrong += 1
                print('回答错误!')
            elif timeCost > 10:
                print('时间到!')
                print('答对题目数', answerRight, '答错题目数', answerWrong)
                if answerRight >= 5:
                    print('答对足够题目,获得乘坐天梯资格!')
```

第 25 关 时空之门——综合案例

```
            return True
        else:
            print('没答对足够题目,请再次尝试!')
            return False
            break
```

运行结果如下:

```
8 + 3 = 11
回答正确!
2 + 7 = 9
回答正确!
3 + 7 = 10
回答正确!
1 + 6 = 7
回答正确!
2 + 9 = 11
回答正确!
2 + 9 = 10
回答错误!
4 + 9 = 13
时间到!
答对题目数 5 答错题目数 1
答对足够题目,获得乘坐天梯资格!
```

25.1.2 "天梯"现身

下面的 ladder() 函数是用字符模拟"天梯"出现过程的函数,代码如下:

```
def ladder(self):
    n = int(10)
    for i in range(n):
        print('=' * 5 * i)
    print('恭喜您踏着天梯,到达时空之门!')
```

运行代码,出现"天梯",如下:

```
=====
==========
===============
====================
=========================
==============================
===================================
```

```
========================================
========================================
恭喜您踏着天梯，到达时空之门！
```

25.1.3 "天梯"的类

综合上面的函数，将其整合在一个类 Ladder 中，最终完整的代码如下：

```python
import random
import time
# 天梯的类
class Ladder:
    # 定时计算的函数
    def compute(self):
        answerRight = 0                              # 答对题目数
        answerWrong = 0                              # 答错题目数
        timeBegin = time.time()                      # 开始时间节点
        while True:
            timeEnd = time.time()                    # 结束时间节点
            timeCost = timeEnd - timeBegin           # 计算耗时多少
            num1 = random.randint(1, 9)
            num2 = random.randint(1, 9)
            num3 = num1 + num2
            num4 = input(str(num1) + '+' + str(num2) + '=')
            if int(num4) == num3 and timeCost <= 10:
                answerRight += 1
                print('回答正确！')
            elif int(num4) != num3 and timeCost <= 10:
                answerWrong += 1
                print('回答错误！')
            elif timeCost > 10:
                print('时间到！')
                print('答对题目数',answerRight,'答错题目数',answerWrong)
                if answerRight >= 5:
                    print('答对足够题目,获得乘坐天梯资格！')
                    return True
                else:
                    print('没答对足够题目,请再次尝试！')
                    return False
                break
    # 模拟搭建天梯的函数
    def ladder(self):
        n = int(10)
```

第 25 关 时空之门——综合案例

```
    for i in range(n):
        print('=' * 5 * i)
print('恭喜您踏着天梯，到达时空之门！')
```

25.2 时空之门的锁

接下来，派森沿着"天梯"来到"时空之门"，发现这扇门上有 3 道密码锁，他只有破译这 3 道密码锁之后，才能顺利通过。

25.2.1 第 1 道锁

第 1 道锁的完整代码如下，变量 keyList_1 被定义为列表格式，用来存储输入密码的最终结果。

```
keyList_1 = []
# 第1道锁，各位密码取决于输入字符的长度
def lock01(self):
    print('请准备开第1道锁！')
    for i in range(6):
        mystr = '请输入第' + str(i + 1) + '部分密码:'
        num = len(input(mystr))
        if num > 9:    # 如果num是两位数，则只保留个位数字
            num = num % 10
        self.keyList_1.append(num)
    print(self.keyList_1)
    return self.keyList_1
```

经过分析上面的代码可以发现，通过 for 循环控制，密码可分为 6 部分输入；又通过语句 num=len(input(mystr)) 可以判断，每部分取字符串的长度作为密码；接下来的 if 语句说明如果长度大于或等于 10，则取个位作为密码。

我们随便输入几串字符，发现果然是用字符串长度作为每部分的密码，如下：

```
请准备开第1道锁！
请输入第1部分密码:0
请输入第2部分密码:77
请输入第3部分密码:951
请输入第4部分密码:7451
请输入第5部分密码:*****
请输入第6部分密码:0159873
[1, 2, 3, 4, 5, 7]
```

25.2.2 第2道锁

第2道锁的完整代码如下,变量 keyList_2 被定义为列表格式,用来存储输入密码的最终结果。

```
keyList_2 = []
    def lock02(self):
        print('请准备开第2道锁!')
        for i in range(6):
            mystr = input('请输入第' + str(i + 1) + '部分密码:')
            if len(mystr) - 1 < i:
                num = '*'
            else:
                num = int(mystr[i])
            self.keyList_2.append(num)
        print(self.keyList_2)
        return self.keyList_2
```

经过分析上面的代码可以发现,这道锁的密码也是通过 for 循环分 6 次输入的,只不过每部分的单位密码是取第 i 部分密码的第 i 位。运行结果如下:

```
请准备开第2道锁!
请输入第1部分密码:124
请输入第2部分密码:14524
请输入第3部分密码:785461
请输入第4部分密码:4855
请输入第5部分密码:985
请输入第6部分密码:36999
[1, 4, 5, 5, '*', '*']
```

25.2.3 第3道锁

第3道锁的完整代码如下,变量 keyList_3 被定义为列表格式,用来存储输入密码的最终结果。

```
keyList_3 = []
    def lock03(self):
        print('请准备开第3道锁!')
        for i in range(3):
            mystr2 = []  # 用于存放输入字符串转换成的列表
            mystr = input('请输入第' + str(i + 1) + '部分密码:')
```

第 25 关 时空之门——综合案例

```
        for j in mystr:
            mystr2.append(j)
        self.keyList_3.append(int(min(mystr2)))
        self.keyList_3.append(int(max(mystr2)))
    print(self.keyList_3)
    return self.keyList_3
```

经过分析上面的代码可以发现,第 3 道锁分 3 次输入密码,每次输入分别依次取最小值和最大值作为 6 位密码中的两位。运行结果如下:

```
请准备开第3道锁!
请输入第1部分密码:12345
请输入第2部分密码:954824
请输入第3部分密码:9876369
[1, 5, 2, 9, 3, 9]
```

25.2.4 锁的类

将上面的 3 道锁整合到类 Lock 中,完整代码如下:

```
class Lock:
    keyList_1 = []
    keyList_2 = []
    keyList_3 = []
    keyList_4 = []
    # 第1道锁,各位密码取决于输入字符的长度
    def lock01(self):
        print('请准备开第1道锁!')
        for i in range(6):
            mystr = '请输入第' + str(i + 1) + '部分密码:'
            num = len(input(mystr))
            if num > 9:    # 如果num是两位数,则只保留个位数字
                num = num % 10
            self.keyList_1.append(num)
        print(self.keyList_1)
        return self.keyList_1
    # 第2道锁依次取第i部分密码的第i位
    def lock02(self):
        print('请准备开第2道锁!')
        for i in range(6):
            mystr = input('请输入第' + str(i + 1) + '部分密码:')
            if len(mystr) - 1 < i:
                num = '*'
```

```
            else:
                num = int(mystr[i])
            self.keyList_2.append(num)
        print(self.keyList_2)
        return self.keyList_2
    # 第3道锁，每部分密码取最大值和最小值，3次共取6位密码
    def lock03(self):
        print('请准备开第3道锁！')
        for i in range(3):
            mystr2 = []    # 用于存放输入字符串转换成的列表
            mystr = input('请输入第' + str(i + 1) + '部分密码:')
            for j in mystr:
                mystr2.append(j)
            self.keyList_3.append(int(min(mystr2)))
            self.keyList_3.append(int(max(mystr2)))
        print(self.keyList_3)
        return self.keyList_3
```

25.3 通过"云桥"

破译了3道锁的密码，派森来到了"云桥"面前。"云桥"的秘密藏在 Way 类里，这是离开 Python 王国"最后的考验"。通过观察用"="模拟的桥面上的深坑，如果缺少一层"="就需要填补一块巨石，观察每次需要几块巨石，直接根据提示输入就可以了。Way 类的完整代码如下：

```
import random
class Way:
    def way(self):
        num = random.randint(5, 9)           # 铺路次数
        answerRight = 0                       # 正确铺路次数
        for i in range(num):
            num2 = random.randint(1, 9)      # 路上坑的深度范围
            for j in range(num2):
                print('=' * 5 + ' ' + '=' * 5)
            print('=' * 11)
            answer = input('向坑里填补几块巨石？')
            if num2 == int(answer):
                answerRight += 1
                print('请继续前行！')
            else:
```

第25关 时空之门——综合案例

```
            print('您掉进了坑里!')
            break
    if answerRight == num:
        print('恭喜您通过云桥!')
        print('您已经成功通过时空之门,进入现实世界!')
    else:
        print('请准备重新过桥!')
```

运行结果如下:

```
向坑里填补几块巨石? 4
请继续前行!
请准备重新过桥!
===== =====
===== =====
===== =====
===== =====
===== =====
===== =====
===== =====
==========
向坑里填补几块巨石? 7
请继续前行!
请准备重新过桥!
===== =====
===== =====
===== =====
===== =====
===== =====
==========
向坑里填补几块巨石? 5
请继续前行!
恭喜您通过云桥!
您已经成功通过时空之门,进入现实世界!
```

25.4 过程类

最后,派森将通过"天梯"、解开3道锁、通过"云桥"的过程整合到类Run中,代码如下:

```
class Run:
```

读故事学编程——Python 王国历险记

```
    def __init__(self):
        self.myLadder = Ladder()
        self.myLock = Lock()
        self.myWay = Way()
    def run(self):
        if self.myLadder.compute():
            self.myLadder.ladder()
            password = [1, 2, 3, 4, 5, 6]
            print('每道锁的密码都为', password, '请输入')
            if self.myLock.lock01() == password:
                if self.myLock.lock02() == password:
                    if self.myLock.lock03() == password:
                        print('解开了所有的锁,请通过云桥!')
                        self.myWay.way()
```

通过语句 password = [1,2,3,4,5,6] 可以看出,派森已经知道这里的密码。难点是他需要根据代码推断规则,得到每道锁需要输入的字符。

最后,派森终于回到了现实世界!想想这次在 Python 王国的冒险经历,他感觉真是收获多多啊!

附录 A

Python 开发工具的安装方法

"工欲善其事，必先利其器"，对于初学者来说，安装一个合适的编程开发工具是最重要的准备工作之一。下面就通过图文讲解的方式介绍安装 Python 的详细步骤。如果你已经安装了编程开发工具，请忽略本附录。

我们可以通过 Python 官网获得 Python 的安装文件。Python 语言在其 3.0 版本时进行了重大升级，并且与旧版本不兼容，所以我们应该安装 3.0 以后的版本，本书使用的也是 Python 3.x。Python 的安装比较容易，建议大家安装 Python 的最新版本。

另外，我们需要根据自己电脑的配置进行相应的选择。如果使用的是 32 位的 Windows 操作系统，需要下载 Windows x86 版本；如果使用的是 64 位的 Windows 操作系统，需要下载 Windows x86-64 版本。同样，如果使用的是 Mac 电脑，要根据使用的 OS X 的版本选择 32 位的 macOS 32-bit 版本或 64 位的 macOS 64-bit 版本。

下载好安装文件，双击它就出现了下面的安装界面（此处使用的是 Python 3.7.4），如图 A.1 所示。可以看到两个安装选项，分别是 Install Now（默认安装）和 Customize installation（自定义安装），还可以发现界面最下方有两个复选框。

图 A.1　安装程序的第一个界面

这里需要注意的是，要勾选界面下方的两个复选框，如图 A.2 所示。如果我们没有特殊要求或者还不清楚自己需要什么功能，可以直接点击 Install Now 进行安装。如果我们想选择要安装的功能、安装的位置，则需要点击 Customize installation 进行安装。

图 A.2　安装程序选项

附录 A　Python 开发工具的安装方法

之后就进入了安装过程界面，通过进度条可以看到安装的进度，如图 A.3 所示。

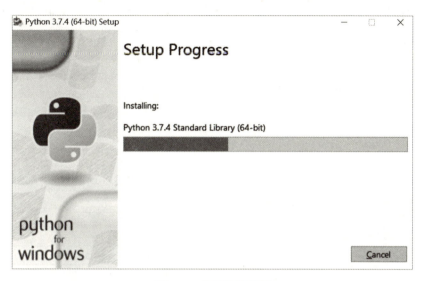

图 A.3　安装进度界面

安装完成后，会出现一个安装成功的提示界面，如图 A.4 所示。

图 A.4　安装成功的提示界面

233

读故事学编程——Python 王国历险记

点击 Close 后，打开 Python 就进入了交互式 Shell（Interactive Shell）窗口。我们直接在 >>> 后输入程序代码，然后按下回车键，就可以在下一行看到运行结果。比如，我们输入 print('hello world') 后按下回车键就会输出 hello world，如图 A.5 所示。

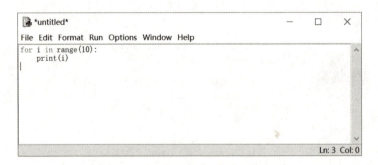

图 A.5　交互式 Shell 窗口

在交互式 Shell 的窗口中只能实现简单的编程，并且程序代码不能保存下来。如果我们想要编写更复杂的程序并将其保存，就需要通过 File → New File 新建文件了，如图 A.6 所示。

图 A.6　在新建的文件中编写程序

在新建的文件中编写程序，完成后通过 Run → Run Module 或者直接按下 F5 键即可运行程序。

博文视点诚邀精锐作者加盟

十载耕耘 奠定专业地位

以书为证 彰显卓越品质

《C++Primer（中文版）（第5版）》、《淘宝技术这十年》、《代码大全》、《Windows内核情景分析》、《加密与解密》、《编程之美》、《VC++深入详解》、《SEO实战密码》、《PPT演义》……

"圣经"级图书光耀夺目，被无数读者朋友奉为案头手册传世经典。

潘爱民、毛德操、张亚勤、张宏江、昝辉Zac、李刚、曹江华……

"明星"级作者济济一堂，他们的名字熠熠生辉，与IT业的蓬勃发展紧密相连。

十年的开拓、探索和励精图治，成就**博**古通今、**文**圆质方、**视**角独特、**点**石成金之计算机图书的风向标杆：博文视点。

"凤翱翔于千仞兮，非梧不栖"，博文视点欢迎更多才华横溢、锐意创新的作者朋友加盟，与大师并列于IT专业出版之巅。

英雄帖

江湖风云起，代有才人出。
IT界群雄并起，逐鹿中原。
博文视点诚邀天下技术英豪加入，
指点江山，激扬文字
传播信息技术，分享IT心得

● 专业的作者服务 ●

博文视点自成立以来一直专注于IT专业技术图书的出版，拥有丰富的与技术图书作者合作的经验，并参照IT技术图书的特点，打造了一支高效运转、富有服务意识的编辑出版团队。我们始终坚持：

善待作者——我们会把出版流程整理得清晰简明，为作者提供优厚的稿酬服务，解除作者的顾虑，安心写作，展现出最好的作品。

尊重作者——我们尊重每一位作者的技术实力和生活习惯，并会参照作者实际的工作、生活节奏，量身制定写作计划，确保合作顺利进行。

提升作者——我们打造精品图书，更要打造知名作者。博文视点致力于通过图书提升作者的个人品牌和技术影响力，为作者的事业开拓带来更多的机会。

联系我们

博文视点官网：http://www.broadview.com.cn CSDN官方博客：http://blog.csdn.net/broadview2006/
投稿电话：010-51260888　88254368　　　　投稿邮箱：jsj@phei.com.cn

 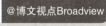   

反侵权盗版声明

电子工业出版社依法对本作品享有专有出版权。任何未经权利人书面许可，复制、销售或通过信息网络传播本作品的行为；歪曲、篡改、剽窃本作品的行为，均违反《中华人民共和国著作权法》，其行为人应承担相应的民事责任和行政责任，构成犯罪的，将被依法追究刑事责任。

为了维护市场秩序，保护权利人的合法权益，我社将依法查处和打击侵权盗版的单位和个人。欢迎社会各界人士积极举报侵权盗版行为，本社将奖励举报有功人员，并保证举报人的信息不被泄露。

举报电话：（010）88254396；（010）88258888

传　　真：（010）88254397

E-mail：dbqq@phei.com.cn

通信地址：北京市万寿路173信箱　电子工业出版社总编办公室

邮　　编：100036